JN254876

科学漫画　サバイバルシリーズ

AIのサバイバル 1

（生き残り作戦）

かがくるBOOK

Original Korean edition was published by Mirae N Co., Ltd.
Japanese translation rights was arranged with Mirae N Co., Ltd.
through VELDUP CO.,LTD.

AIのサバイバル 1

文：ゴムドリ co.／絵：韓賢東

はじめに

今回のテーマであるAIとは人工知能のことです。

最近では人工知能はずいぶん知られるようになってきました。クイズ番組で優勝したり、世界ランキング1位の囲碁の名人に勝ったりするなど、特定の分野ではすでに人間の能力を上回っているものもあります。また、人間の声を聞き分けるスマートフォンの音声認識や、運転手がいなくても安全に走る自動運転車など、人工知能を活用した技術は驚くべき早さで発達しています。

人工知能は簡単に言うと「考える機械」です。人間のような思考力と感情を持つ機械を作ることは、長い間人類の夢でした。まだ映画や小説の中で描かれるような、人間のように考えたり感じたりする完璧な人工知能は完成していませんが、さまざまな技術の開発で人工知能の研究は、飛躍的に進化しています。しかし、人々は人工知能が人間の生活を便利で豊かなものにしてくれるという期待の一方で、次第に高度になる人工知能がいつか人間を脅かすのではないかと心配する人もいます。実際に天体物理学の権威で著名な故・スティーブン・ホーキング博士が「完全な人工知能を開発できたら、それは人類の終焉を意味するかもしれない」と警告するなど、さまざまな専門家が人工知能の危険性について言及しています。

果たして人工知能は「ともに成長する人間の良きパートナー」なのでしょうか。それとも「人類を支配する権力者」になってしまうのでしょうか？　また、現在の人工知能の水準はどんなものか、どんな分野で使われ将来はどのように発展するのかについて

考えてみましょう。

　ジオはＶＲゲームの発売イベントで、人工知能ロボットを盗んだ泥棒を追いかけるミナと出会います。２人の大追跡の結果、無事犯人からロボットを取り返し、ごほうびとして、オープン前のＡＩテーマパークを見学できることになります。バーチャル旅行や家中がインターネットでつながったスマートホーム、ロボットが接客するカフェなど、テーマパークの魅力にはまり、時間を忘れて楽しむジオたち。

　しかし、平和な時間もつかの間、秘密の立ち入り禁止区域に足を踏み入れ、そこで怪しい人工知能ロボット、マキナに出会ったことから思わぬことが起こって……。

　果たしてジオたちが出会った人工知能の正体は何なのでしょう？

　みなさんをオーディンＡＩテーマパークにご招待します。

ゴムドリ.co、韓賢東

目次（もくじ）

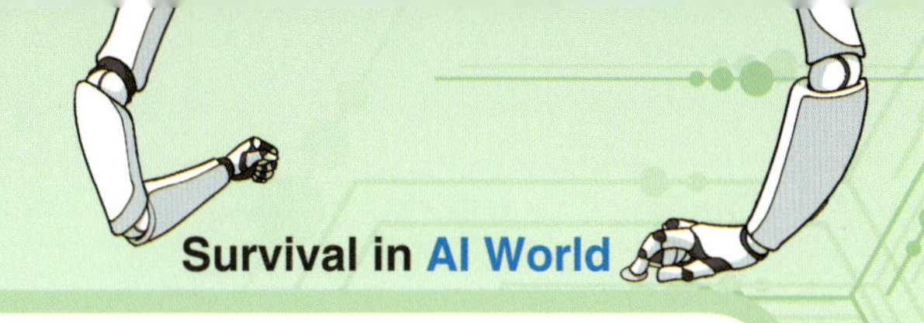

登場人物

ジオ

行く先々で事件に巻き込まれる、サバイバルキング！偶然参加したＶＲゲーム発売イベントで、ロボット泥棒を追跡して見事大事なロボットを取り戻した。そのおかげで世界最高と言われるオーディン社のＡＩテーマパークに招待されるが……。テーマパークの中にある秘密の建物に入った途端、予想もしなかった冒険が始まる。人工知能についての知識はないが、危機的状況にもあわてずにリーダーシップを発揮する。

ミナ

人工知能ロボット、ポッパーの大ファンで、ポッパーを誘拐した犯人を捕まえようと大活躍する。言いたいことはハッキリ言わずにはいられない性格な上に、ロボットに対する愛情は誰にも負けない。オーディン社の会長にオープン前のテーマパークに招待するよう交渉し成功する。そのおかげで危険に巻き込まれてしまうが、持ち前の大胆さで立ち向かう。

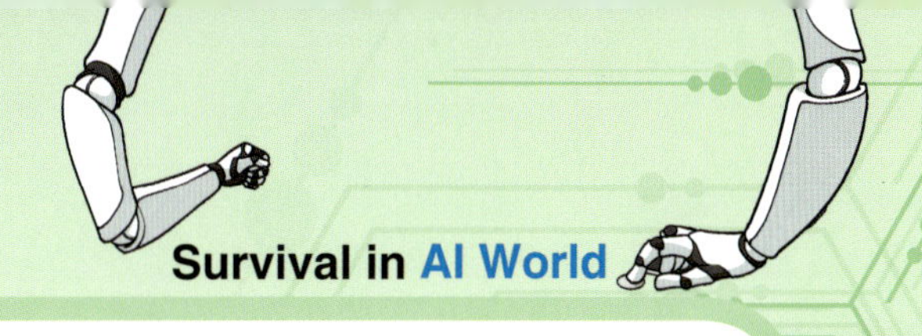

マキナに勝つ方法を
見つけたぞ！

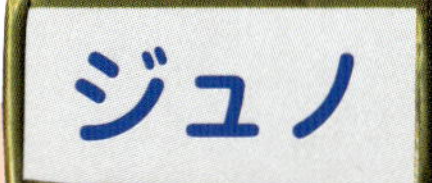

ジュノ

アジアコーディング大会の優勝者で、数学や科学も得意な秀才。そんな彼の唯一の弱点は、人見知りだということ！　そのため、初対面の人と話す時には聞こえないほど小さな声しか出ない。しかしロボットや人工知能の話になると、目が輝き自信満々に話し始める。その上、ジオと共に謎の建物に閉じ込められた時、豊富な科学知識を披露して活躍する。

ポッパーの恩人
なんだから、
特別に許可しよう！

オーディン

世界最高の人工知能技術を有する企業「オーディン社」の会長。ゲーム制作から始まって、検索サイトや人工知能ロボット、無人自動運転車まで扱う大企業へと成長させた天才技術者。その名声に比べて、どんな人物なのかはあまり知られていない。現在は極秘のコンピュータープログラムを開発しているというウワサがあるが、その実態は誰も知らない。

1章（しょう）
怪（あや）しい ロボット泥棒（どろぼう）

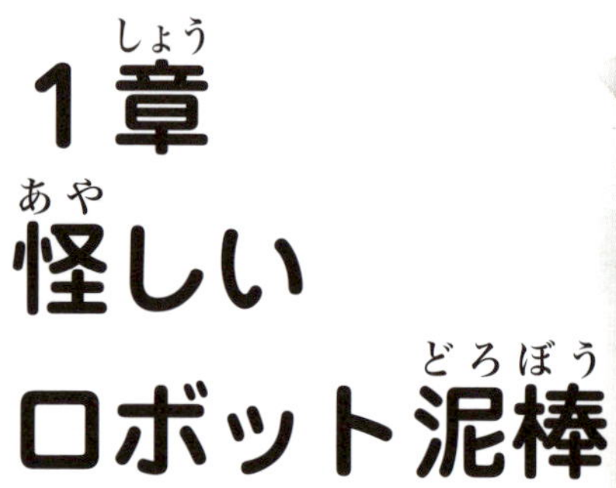

＊VR：特別な装置で仮想世界を実際のように見せる技術。

ワイ
ワイ

本当に触ってるみたいだ。
僕もやりたい～！

ウワッ！動くぞ！

じゃ、スタートしますよ！

いろいろあるぞ。何から見ようかな？
キョロ
キョロ

VRゾンビゲーム体験
ゾンビゲームか……。
これを装着するのか？
ま、これくらいのサバイバルは、僕には朝飯前だけどね。
ザッ
さあ、出てこい！
ゾンビめ！
ウォー
オオ〜
ウォー
ゲッ！こんなに!?

ジタ
バタ
ぼ、僕の
腕が！
放せ〜！

ウワッ！
ガブッ
バグッ
やめろっ！

ハァ
ハァ
早く
代わってよ！

ハァ
ハァ
ああ、スゴく
リアルだった！
僕の腕は無事か？

何だか疲れちゃった。
もう帰ろうっと。
人工知能ロボット　ポッパー

ねえ、ポッパーは何歳なの？
生まれてからまだ3カ月です。

人間の年齢で言うと1歳にもなりませんが、知能は成人以上です。
ほかに何かご質問はありますか？

これ、人工知能搭載のドローンの設計図なの！ 私が設計したんだけど、
どこか改良をした方がいい所はあるかしら？

パッ
あら？

ザワ
ザワ
ザワ
ザワ
何が起こったんだ？
停電かな？

非常電源に切り替えだ。点検しよう！
みなさま、本日は発売記念イベントにお越し頂き、誠にありがとうございます。ただ今、当イベント会場で停電が発生いたしました。ご迷惑をおかけしますが、復旧までしばらくお待ちください。

あっ、点いた！
パッ

あ～、良かった！
ね、ポッパー？

ビョ～ン
ポッパー……？

これはポッパーじゃないわ！
真っ赤な偽物よ！
一体、誰が……？

キョロ
キョロ

あ、あの人は？

ヒヒ
そうよ！　さっきから
変な目でポッパーを見てたわ！
ダダッ

フラ
疲れた～！
フラ
スタ
スタ

パッ

キャア！
ゴツーン
ウワッ！
ポロッ

キュ〜
ウ〜、一体何が起こったんだ？
イタタ……。

ガバッ
ごめんなさい、今急いでるの！
ええ？

あっ、待ってよ！

スマホを落としてるよ！
クルッ

いいからあの人を捕まえて！きっと泥棒よ！
ダダダッ

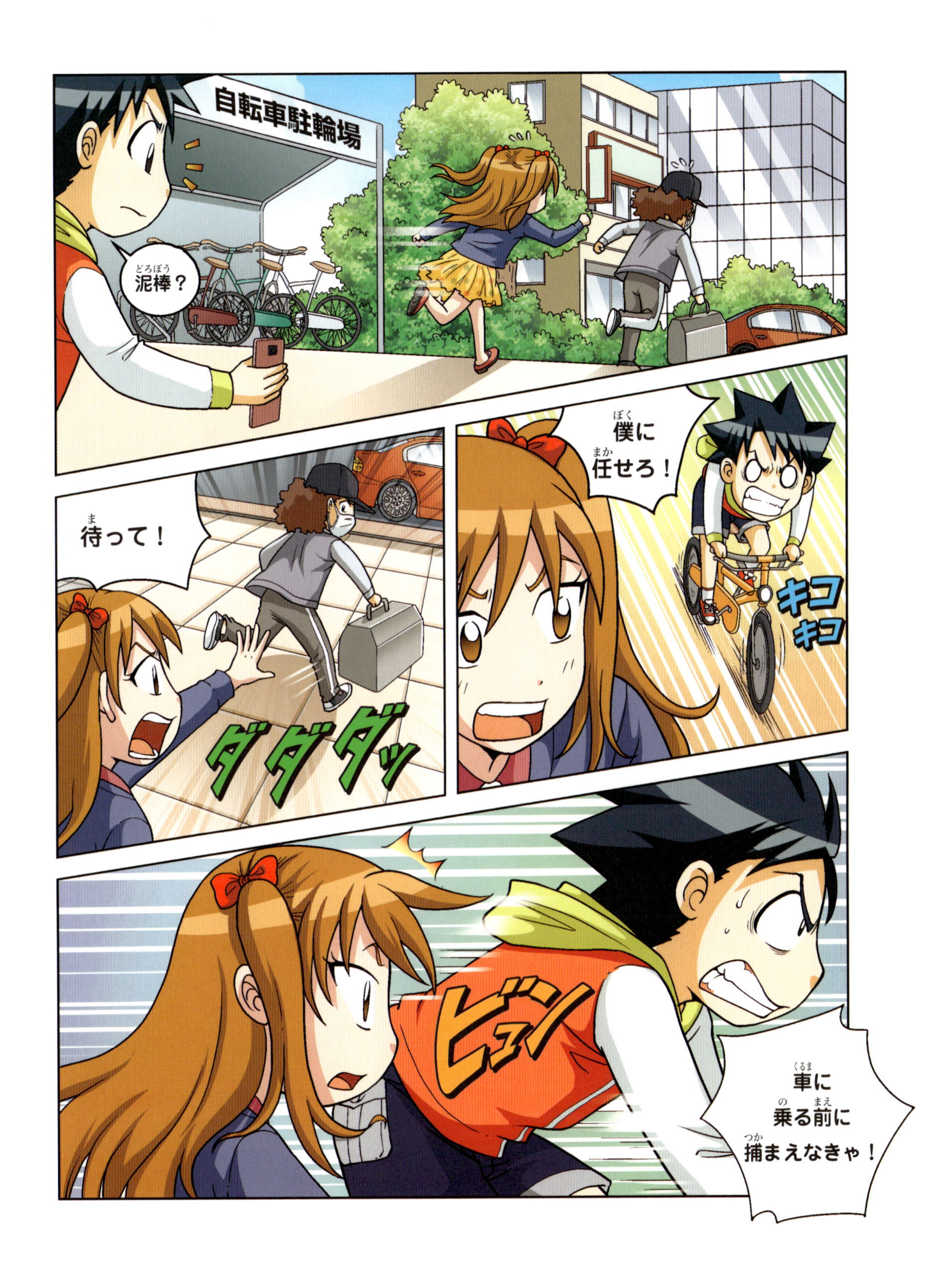

自転車駐輪場
泥棒？
僕に任せろ！
キコキコ
待って！
ダダダッ
ビュン
車に乗る前に捕まえなきゃ！

ゲッ!
ギョッ
待て〜!
パッ
ジタバタ
スポッ
ブ、ブタの
パンツ?
グイ

ああっ!
ドテッ
ウッ、
見たくない!

コロッ
パカッ

オイ、お前！突然何なんだ！
グワッ
ハッ！

ポッパー！

ブォーッ

ダダッ

ピーッ
いたぞ！こっちだ！
チッ！

そのロボット、
そんなに大事なの？

オーディン社が開発した、世界最高の人工知能コミュニケーションロボットなの！
この子はただのロボットじゃないのよ！
その通りです。ポッパーのことをよく知ってますね。

ポッパーをどこに連れて行こうとしたんですか？
良かったわ。もう少しで誘拐されるところだったのよ！

不思議だなあ。人間みたいに会話してるよ。

それは私も分からないけど、ポッパーを助けられて良かったわ。
助けてくれてありがとう。

ところで人工知能って何？
普通のロボットと違うの？
もちろんよ！

ロボットが人間の体だとすると、人工知能は人間の脳に当たるの。つまり、人間のように考えて学習することができるコンピュータープログラムよ！
ロボット
人工知能
知能型ロボットなど
ヘーッ、機械が人間の脳みたいにねぇ……。

ええ！ 正確に言うと、人工知能には人間のように情報と経験をもとに問題を解決する能力、情報を分析して自分で判断できる能力などが含まれているわ。
でも、今の人工知能は、その内の一部の機能しか持っていないのよ。もっと素晴らしい人工知能になるように、開発中なの！
ここが人工知能の頂点だ！

オーディン社
会長！ 先程盗難にあったポッパーが無事に戻りました！

何!? 本当か？
ガバッ
2人の小学生が犯人を追跡して取り戻したそうです。

何でこんなに待たされるのかしら？
¥
へへ～
まさか、謝礼金がもらえたりして？

ホオ～、小学生が？
どんな子供達なのか、一度会ってみるか！

あら？
チーン
誰か来るぞ？

チェッ、ただの冗談だよ！
もう！　欲張りなんだから！謝礼金なんてあるワケ……。

え？
どこかで会ったっけ？
あっ、
あの人は？!
スタ
スタ

私も有名になったもんだ。
天才とは少しオーバーだが、うれしいよ。
ハハハ

オーディン社の会長よ！　コンピューターゲームの会社から始まって、今は検索サイトや人工知能ロボットの開発もやってるの！
この会社を作った天才技術者なんだから！
トン

君たちがポッパーを助けてくれたそうじゃないか。
何かお礼をしたいんだが……。
お礼なんて結構です。ポッパーのファンなので、当然のことをしただけですから。

そうか？　じゃあ、ロボットに興味が？
もちろん！

ワハハ
じゃあ、ウチの製品で何か欲しいものを何でも言いたまえ！

え～と……。

製品じゃなくて、今度オーディン社がオープンするAIテーマパークに行ってみたいの！
キリッ

ギクッ
それはまだ開園前だから。一般人はちょっと……。

それよりも、新発売のゲームをもらおうよ。
何よ。何も知らないくせに！
ううん。絶対に行きたいの！ネッ？

おめでとう。君たちはＡＩテーマパーク初の来園者だね！
よし！　ポッパーの恩人なんだから、特別に許可するとしよう！

ヤッター！　ＡＩテーマパーク楽しみだわーっ!!
キャッホ〜
ちょっと、声が大き過ぎるよ！
キーン
ピョン

考える機械、人工知能（AI）

人工知能とは？

人工知能とは人間のように考えて学習することができるコンピューターシステムやその研究のことです。ロボットと人工知能はだんだん区別されなくなってきていますが、人間の見た目や身体機能を真似た動く機械がロボットだとすると、人間の脳のように自ら学習して考え問題を解決する機械の機能を人工知能として区別しています。もちろん現在の技術ではすべての状況や分野に適切に対応する真の意味の人工知能は完成していませんが、かなり高いレベルの知能を持つ人工知能システムが次々に登場しています。

人工知能の歴史

人工知能自体の研究は長い歴史があり、コンピューターが誕生したのとほぼ同じ1950年代から始まっています。

ジョン・マッカーシー　アラン・チューリング

世界最初のコンピューターとして知られているエニアックの圧倒的な計算力を見た人々は近いうちにコンピューターが人間の能力を飛び超えていくだろうと確信し、ジョン・マッカーシーを始めとする当時最高の科学者らは1956年アメリカのダートマス大学で開かれた研究会で「人工知能」という概念を初めて使いました。

その後コンピューターと人工知能に関する研究は1960年代東西の冷戦期を経て、一層活発になりました。アメリカとソ連が対峙していた状況でロシア語の文書を英語に翻訳するために、アメリカがプログラム開発にたくさんお金を使ったからです。しかし研究は大きな成果を出せないまま、冷戦は終結します。そんな中、1990年代以降インターネットとハードウェアなどの発達によって研究が活発になり、最近ではグーグルやフェイスブックなど世界的な規模のＩＴ企業が人工知能のブームを先導しています。ヒューマノイドロボットや機械翻訳、無人自動運転車など、人工知能をもとにして、数多くの先端技術が開発されています。

機械学習とディープラーニング（深層学習）

これまでの数十年間、進展がなかった人工知能の研究が近年になって急に変化した理由は何でしょうか？　それはインターネットとハードウェアの発達と共に、コンピューターが音声や映像を始めとする大量のデータを分析して学習できる機械学習が可能になったからです。その中でもディープラーニングという機械学習法はコンピューターが自らデータを分析して予測することを可能にしました。

ディープラーニングは、ニューラルネットワーク（神経回路網）が何層も重なった人間の脳の構造をモデルにしています。これにより、コンピューター自らがデータの中に含まれている隠された特徴を認識し、より正確で素早い判断が可能になります。

たとえば、ネコの写真をコンピューターが見てネコだと判断するには、今までは、あらかじめ人間がネコの特徴を１つ１つ入力しないといけませんでした。しかし、ディープラーニングの場合、ネコの写真をいくつも入力することで、コンピューター自らが自動的にネコの特徴をとらえて、学ぶことができるのです。

最近、このような技術のおかげで人工知能の画像認識の正確性、すなわち何かを見て正解する能力が人間を超えるようになりました。また、大量のデータを自ら学習して最適な答えを出せるディープラーニング技術を利用して科学、医学、金融、翻訳などさまざまな産業分野でも人工知能が活用されています。

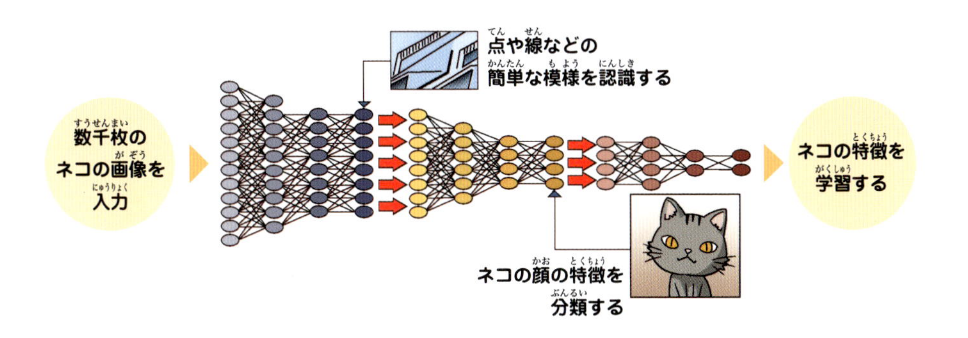

2章

オーディンAIテーマパークに出発！

世界ランキング１位のルイスとオーディン社のロボットレースカー、オロナーの戦いです。
人工知能VS.人間。サーキットでは世紀の対決が繰り広げられています。
うん？

ブオーン
最後の１周を残し、現在ルイスがトップです。

ブアーン
ああっ。何ということでしょう！　ゴール目前でオロナーが抜き去ってそのままゴール!!

その中でもオーディン社の技術は飛び抜けていると言うしかありません。
ワ〜、またオーディンか！
ロボットカーが、世界ランキング１位のレーサーに勝つなんて……。

世紀の対決は人工知能の勝利に終わりました！現在、世界中のさまざまな分野で人工知能の開発が進んでいますが、

次のニュースです。
史上最年少でソフトウェア工学の博士号を取得した、天才少年ユジン君が失踪し、現在警察が行方を捜索しています。
天才少年ユジン、失踪
警察は誘拐された可能性もあると考えていますが手がかりがなく、捜査は難航しています。
失踪？

あっ！

歳は僕と同じくらいかな……？

急いで行かなきゃ！
バッ
ダダッ

12
3
6
9
ああっ。もうこんな時間だ！

オーディンAIテーマパーク
ゼイ ゼイ
フーッ。何とか時間に間に合ったぞ。

キョロ
キョロ
ミナはまだかな？

じゃあ、僕がテーマパークの初入園者だな？
ダン
ふふん。ポッパーを救った英雄のお出ましだ！

何が英雄よ。私のおかげじゃない。
ジオはオマケよ！
ゲッ
何でだよ。犯人を捕まえたのは僕だぞ！

僕が犯人に飛びかかった決定的瞬間を忘れたのか？
あの、犯人のズボンを脱がせたこと？
ハハハ

僕がいなけりゃ、ポッパーはまだ犯人に誘拐されたままかも……！
ドン
ワッ、何だ？
ドサ
第○○号
表彰状
氏名 ジュノ
バサッ
ごめん、ごめん！平気かい？
大丈夫……。
パラッ

僕以外の入園者がいるって知らなかったから……。
ボッ
ボッ

自分以外に入園者がいるって知らなかったって。
え？何ですって？
う、うん。

ねえ、これ。コーディングコンテスト１位？スゴいじゃない！
第○○号
表彰状
氏名 ジュノ
コーディング？

コーディングって何？
それは……。
ヌッ

ガバッ
サッ

僕の作品を見せてあげるよ。
シャキッ
パパパッ
サッ

これは機械を作動させるための、
ソフトウェアの命令語だよ。

つまり僕らが使う言語じゃなくて、コンピューターが理解するプログラム言語なんだ。
急に声が大きくなったわ？

簡単に言うと、僕らは誰かに何かを頼むとき言葉で伝えるけど、コンピューターは人間の言語が分からないから、
コンピューターが理解できる特別な言語で命令と情報を入力するんだ。その入力することをコーディングと言うんだよ。
人間の言語
どうやって開けるの？
左手でビン、右手でフタを持って、フタを左に回すの！
そうか！
プログラム言語
スペースを押す。
右に２マス動かす。
ゲーム完成！
GAME

カァッ
分かったかな……？

スゴいわね。私、ミナよ！
もう１人招待者がいるって言ってたのはあなたなのね！
サッ
ビクッ
あ……。

僕、ジュノ……。君は何の大会で優勝したの？
チョン
あ、握手のつもり？

ビクッ
ズイ
ねえ、もう少し大きな声で話してよ。

名前がジュノで、ミナが何の大会で優勝したのか、だって。
ホジッ

ああ、私はロボットデザイン展で最優秀賞をもらったことあるわよ。
それで来たんじゃないけどね……。

僕らは大会の優勝者じゃなくて、泥棒を捕まえたから招待されたんだ。
ロボットを盗もうとしたヤツを、このジオがやっつけたんだよ！
ジャン

あら？
そうだったっけ？
フフン

え？
でも、何でこんな小さな声が聞こえるの？
私、コーディングのこと以外は
全然聞こえないのに。
僕、人見知りで……。
もう少し大きな声で話すよ。

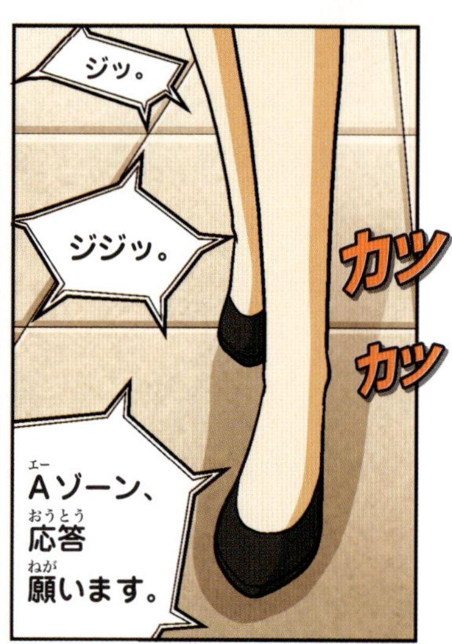
ジッ。
ジジッ。
カッ
カッ
Aゾーン、
応答
願います。

人並みはずれた聴力はサバイバル
キングの証なんだ！
ヒョイ
あっ、そう。

ハイ。こちらAゾーン、
現在正門前です。

ええ。
3名そろってます。
これから中に
入ります。
ワ〜！

ジオ君、
ミナさん、
ジュノ君ね？
開園前に招待
されるなんて
スゴいわね？
バッ
ハーイ！
ハイ。
パッ
ソッ

まずはモノレールで
パークを１周
しましょう。
カバンは
ここに置いて
おけば、
ホテルまで
運んで
くれるわ。

オーディン
人工知能
テーマパークへ
ようこそ！

ここが搭乗口よ。
訪問者のカードを
端末に当ててみて。
ピタッ

いらっしゃいませ。
ご乗車ありがとう
ございます。列に並んで
順番に車内にお入り
ください。
ゴソゴソ
このカードのことだね？
そうよ。

ピッ

ピッ

次は僕の番だ！
ピッ

ワク
ワク
どんな所か、スゴく楽しみだ！
ワ～、ステキ！

現在の気温は、20℃、降水確率は10％です。このモノレールは時速15kmの速度で安全運行しています。
シュー
ウィーン

スゴく
広いわ！
ワアッ
ウワ～！
こんなにスゴいとは
思わなかった！

ウィーン

ねえ、あそこに
ロボットがいるわ。
何をしてるのかしら？

詳しい情報を知りたい
場合は、窓をタッチして
みてください。

ツン
解説サービス

AIカフェ
AIロボットが
軽食や飲み物を
提供します。
パッ
ただの
窓じゃなくて、
透明ディスプレイに
なってる。

人工知能カフェを通過しました。
人工知能カフェでは、ロボットがオーダーを受けるなど、お客様と会話をします。
へえ、スゴいや！

もしかして、無人システムで運行してるのかしら？

クルッ
ところで、このモノレールは誰が運転しているの？

無人運行システムに乗るのは初めてなんだ。
僕は何度もあるぞ！

シ〜ン
あ、本当だ。誰も運転してないや。

まもなく最初の目的地、AI体験館に到着します。

ええっ?! AI体験館だって?!

AIって鳥インフルエンザのことだろ？　そんな体験したくないよ！
…シ～ン

このAIは鳥インフルエンザ（Avian influenza）じゃなくて、人工知能という意味のArtificial intelligenceのことだよ。
そうなの？
ホッ

AI体験館はオーディン社の技術力をすべて見られる、このテーマパークの目玉なんですって。
サッ
AI体験館

ウィーン
あ、またロボットがいたぞ。
ジオ君、ミナさん、ジュノ君！お待ちしておりました。私はみなさんをご案内するガイドの「カーディ」です。
よろしくね、カーディ！

こちらへどうぞ。
ウィーン
ウワ～！
ジャン

あら？
どうぞ、ゆっくりご覧ください。

鏡だわ！
ちょっといいかしら？

うん。今日もバッチリだわ！
クネ
クネ

待て！ 普通の鏡じゃなさそうだ。

特別な鏡と言えば……！
鏡よ、鏡、世界で１番格好いいのは誰？
僕だよね～？
ガクッ

ガ～ン
そんなあ！ 僕が１番格好いいんじゃないの？
ブッブー
国内の整形外科医約1000人に聞いた結果、アイドル歌手のジュリーさんを選びました。
なぜそんな自信が？

残念でした。
その代わりに
格好よくなる
ヘアスタイルと
コーディネイトを
ご提案します。
え、
どうやって？
シュン

パッ
ワッ！

勝手にしてよ、もう。
その鏡は一体何なの？
キラッ
結構
いい感じ？

うん……。
分かったよ。
クイ

スマートミラーだね。
普通の鏡のようだけど、LCD液晶が
内蔵してあって、入力してある画像を映して
見せられるんだ。
鏡の機能と同時に
情報を伝えられる。
何でこんなに
知ってるのかしら？

横の鏡は、
また別の機能がある
みたいだよ。
このスマートミラーは、オーディン社が最初に開発した技術で、3Dスキャンを搭載しています。
人間の皮膚や血管、臓器などをスキャンして健康状態を診断します。
スキャン開始！
風邪の初期症状です。
ウィーーン

え？ 鏡で食べ物の好みまで分かるの？
甘いお菓子とアイスクリームが好きですね？

病気になる前に分かるのね？
私もやろうっと！
パッ

そんなあ～！
虫歯があります、もう少しで痛み始めるので、歯医者に行ってください。
グスン
歯磨きしろよ～！
ククク

大腸に大便が詰まっています！
ビー
ビー
ゲッ？

次は僕の番だ。健康には自信があるぞ。
数々のサバイバルで、体力は鍛えられてるからな！
ドン

近くのトイレに案内します！
ウイン

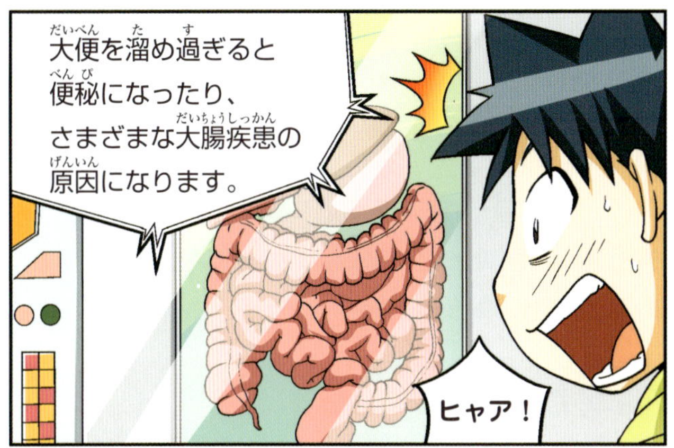

大便を溜め過ぎると便秘になったり、さまざまな大腸疾患の原因になります。
ヒャア！

スッキリしてきたら～！
キャハハ
ウワッ。ちょっと、やめてよ！
ジタ
バタ
クス
クス
ズル
ズル

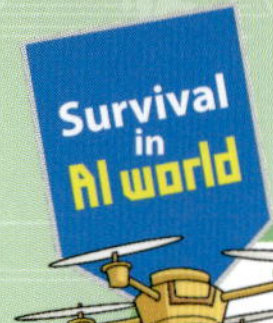

人間VS.機械、対決の歴史

2人の男性とワトソンのクイズ対決

2011年2月、アメリカで最も人気のあるクイズ番組の「ジョパディ！」に非常に特別な参加者が出演しました。それはIBMが開発したスーパーコンピューターのワトソンです。ワトソンは人間の質問を聞いて、100万冊に相当する情報を検索して3秒で答えを探し出す実力を持っていました。同音異義語や隠喩が含まれた文章も理解できたのです。しかしワトソンの対戦相手もなかなかの強豪でした。このクイズ番組で5回も優勝し最高額の賞金を獲得したブラッド・ラターと最多連勝記録保持者であったケン・ジェニングスだったのです。ワトソンは2人の男性と熾烈な接戦の結果、なんと優勝したのです。

©VincentLTE

アメリカのクイズ番組「ジョパディ！」に出演したワトソン（中央）

囲碁界を制覇した、アルファ碁

「今日の敗北は私が負けたのであって、人間が負けたのではない」2016年3月、グーグルが開発した人工知能のアルファ碁に4対1で負けた韓国のイ・セドル9段が試合後に残した言葉です。これ以前にチェスでも人工知能が人間に勝ったことがありましたが、可能な局面がチェスよりはるかに多く、直感的に大局を見る力が必要と考えられていた囲碁だけに、この結果に多くの人が衝撃を受けました。

このアルファ碁は、ディープラーニングの手法で囲碁の学習を行っていました。自分自身との対局を何千万回も繰り返して、どんどん強くなっていったのです。

©朝日新聞社

2017年5月、カ・ケツ9段（左）とアルファ碁の対決
右の人は、自分で碁石を動かせないアルファ碁のために、代わりに碁石を置く打ち手。

その後、アルファ碁はバージョンアップしてさらに強くなり翌年の５月には中国のカ・ケツ９段に３対０の圧倒的な勝利を収めました。

翻訳の分野で人間に負けた人工知能

昔は外国語をしゃべれずに１人で海外旅行するなんて想像もできないくらい難しいことでした。しかし、今ではオンライン翻訳サービスやスマートフォンアプリなどを利用して、外国でも簡単に意思疎通を図ることができます。最近では単語や構文だけでなく文章をそのまま翻訳できるようになり、精度が一層上がりました。こうして早く正確な翻訳を可能にした人工知能に、人間が挑戦状を送りました。

2017年に、国際通訳翻訳協会と世宗大学が開催した「人間対人工知能の翻訳対決」が行われたのです。人工知能翻訳機３種と人間の翻訳家４名が参加した結果、人間の翻訳家が圧勝しました。文章の前後の脈絡を考慮する能力や、感情を込めた言葉に対する理解度、専門知識の理解度などの面で人間が機械よりもずっと優れていたからです。特に文学の名作を翻訳する能力は人工知能は人間に遠く及びませんでした。しかし、人工知能の翻訳は、スピードの面では人間よりも早く、以前の機種よりずっと高性能になっていて、数年以内には人間に負けないくらい流暢な翻訳が可能になるかも知れません。

東大合格を目指したロボット

日本の人工知能ロボット、東ロボくんは毎年東京大学の入試に挑戦したことで有名です。2011年に国立情報学研究所の研究チームが開発した東ロボくんは、４回も東大入試に挑戦しましたが、合格するにはいつも点数が足りませんでした。科目別に成績を見てみると、数学などの科目は合格水準の点数を取っていますが、読解力が必要な英語や国語などの科目では、良い成績が取れていなかったのです。結局、東ロボくんは2016年に４度目の不合格となると、東大合格をあきらめてしまいました。

3章
対決！
人間VS.人工知能

挑戦!
チェスで対決しよう!
ジャン

へえ～、チェスの対決かあ……！
面白そうだな！
ニコッ

1回だけ待ってよ～！
スリ
スリ
勝負の世界に待ったはないぞ！
ケイに習ったチェスの腕前を試してみるか？
ニヤッ

よし。
スタート！
START
ピッ

ウィーン

対決の会場は
こちらです。
ウィン
ウィン
ワア、ドローンが
案内してくれるのか！

挑戦！
シャッ

ウィーン
へ～、
ついて行けば
いいのか！

パッ
ウッ、
まぶしい！

あれ？
何で真っ暗
なんだ？

人工知能と人間の
対決！　勝つのは
どちらでしょうか？
ただ今よりチェス対決が
始まります。難易度を
選んでください。
ジャン
ワア！
何だ、
これ？

僕が白だね。
じゃあ、始めてみるか！

まずは
1番難易度の
低いのから
始めるか。

ピッ

ピッ

お？
ニヤッ
クイーンが僕の陣地に入って来たぞ？

ピッ

思ったより簡単に勝てそうだ。
ピッ

チェックメイト。
パッ

ギョッ
あ、
あれっ?!

ジャン
ウワッ、
しまった!
GAME OVER
WIN

チェス
そんな
バカな!

そんな!
僕が人工知能に
負けるなんて
……。

OH! VR ZONE

VR体験ができます。
行きたい場所を選んでください。
へ～！
どこに行けるのかしら？

サッ
ええと、どれどれ？

行きたい場所はたくさんあるけど……。
どこにしようかな？

そう！　私にピッタリの美とロマンの街……。

そうよ。あそこしかないわ！
フランスのパリに行きたい！
ウィン

フランスの首都、
パリに到着しました。
ワア、エッフェル塔が
目の前にあるわ。
写真と同じね！
スタ
スタ
ステキ～！
スタ
スタ
ウィーン
ええと
……。
スッ
ピッ
ピッ

ねえ、ジュノも
やってみてよ！
うん。
これをメモしたら
行くよ……。

フン
モ〜、
真面目なんだ
から！

ヒョイ
体験館では
体験しなきゃ。
百聞は一見に
如かずよ！
パッ
ウワ……？

あ、これは？
フランスの
パリに
行って！

クルッ
ウワ～！
スゴい！
ねえ、
こっちに来てよ！

Bonjour～.

この人に話しかけて
みてください。

でも、
フランス語
できないわ
……。
ポリ

心配いりません。
そのゴーグルとマイクに
通訳機能があって、
世界中の人と会話
できるんです。

初めまして。私、ミナって言うの。パリって本当にステキな街ね。
ポリ

Enchantée.
Mon nom est Mina.
Paris est vraiment
magnifique!

Je suis content que vous avez aimé Paris.
君がパリを気に入ってくれて、うれしいよ。
ワァッ

スゴ～い！私の言葉に答えてくれたわ！
機械翻訳システムを利用してるんだね。
ピッ
ピッ

何てこった。
僕があんなに簡単に負けるなんて……。
フラ
フラ

ところで……。
みんなどこにいるんだ？
キョロ
キョロ

うん？ここは？
オー！プレイゾーン？
OH! PLAY ZONE
スッ

どこに行ってたの？探したんだから！
パシ

いや、人工知能とチェスをやってたんだ。
ああ、人工知能と人間が対戦するのね？

で、勝ったの？
もちろんさ！息もつけぬほどの攻防の末、最後の最後で僕が……。
ヘヘン

負けた……。
あら～、
やっぱり！
ウッ
プッ
ピッ
ピッ

恥ずかしがらなくてもいいよ。チェスの世界チャンピオンだって人工知能に負けてるんだ。
キラッ

え？　そうなの？

2011年にはスーパーコンピューターの「ワトソン」がアメリカのクイズ番組で優勝したし、最近では「アルファ碁」が9段の囲碁名人に勝ったんだよ。
$300,000
$1,000,000
$200,000
KEN
WATSON
BRAD

学習能力が高い上に大量の情報を保存できるから、分野によってはすぐに人間を超えられるのよ。
それにしても、人工知能が人間を超えるなんて、気分が良くないよ……。
もちろん、人間みたいにすべての分野で万能な人工知能はまだないけど。

あ！
パチン

じゃあ、僕らはこのまま人工知能に負け続けるの？
ハハハ。出直して来なさい！

あの〜、人工知能が作った芸術作品はもうあるのよ。
人工知能ができないこともあるぞ！そう、芸術とか！
芸術こそ、機械には真似できない人間の独創的な分野じゃないか！
タラッ

有名な
レンブラントの画風を、
本人の物と区別
できないほど正確に
再現して描いた
人工知能も
あったんだ。

ええっ?!
人工知能は
それもできる
って?
ガ〜ン

画家の特徴や個性を完璧に
分析したんですって。
レンブラントが描いた
346点の全作品を分析して
得た画風で、新しい絵を
描いたのよ。
ワシは描いて
ないのに、ワシの
絵が……?
レンブラント
絵画だけ
じゃないよ。

あっちに作曲する
人工知能があったよ。
ウィン
人工知能が
作曲した曲を
聴きますか?

最近ではドラマの
脚本を書いたり
音楽を作曲したり
していて、だんだん
そのレベルが上がって
人間に負けない
くらいになってる
って。
カタ
カタ

ウィン
ウィン

パチ
パチ

サッ

何だか心が落ち着くわね。
フン
フン

これ、本当に人工知能が作曲したの？
そうです。
人間に安心を感じさせるリズムとメロディを組み合わせて作ったので、聴く人に安心感を与えるんです。
これは人工知能が生み出す芸術と言えます。

パッ
クルッ
そこで何を
してるの……？

何かって？
人工知能の
音楽に対する
感動の舞
だよ。
身体が勝手に
踊り出す～

ねえ、カーディ、
ほかには何が
あるの？
パッ
ガクッ
無視かよ？

今日はもう遅いので、
ホテルにご案内
します。
ウィン

ヒョイ
ええ、もう？
もっと
いたいよ！

もうちょっとだけ
いてもいいでしょ？
ウィン

今日はここまでです。
モノレールに乗ったらホテルにご案内します。

エ～
ガックリ

そんなにガッカリしないでください。
みなさんが泊まるホテルにはきっとビックリしますよ。
ウィン

シャッ

チーン
ウィン

701
私の部屋はココだわ。じゃあまた明日！
うん。またね！

カチャッ
僕の部屋はまだ先か……。なんだか疲れちゃったよ。
トボトボ

704
やっと着いた！

ピッピッ

クラ〜
ゴソゴソ
真っ暗だ。スイッチはどこかな？

お帰りなさい！
ええっ！
だ、誰だ?!

スマートホームにようこそ。私はコンシェルジュのホーミーです。
やあ……。

芸術界に登場した人工知能

長い間、芸術を生み出す能力は人間にしかない特徴だと思われてきました。しかし最近では、人工知能がかなり高いレベルの芸術作品を次々と生み出して、これまでの固定観念を破っています。しかし、まだ人工知能が作った作品は既存の作品を模倣する水準で、人に感動を与える本当の意味での芸術作品を作り出すまでにはまだまだ時間がかかりそうです。

展覧会を開いた人工知能画家

2016年２月、アメリカのサンフランシスコでグーグルの芸術組織であるクレイ財団が開催した展覧会が開かれました。一見するとほかの展覧会と違うところはありませんが、その作品はすべて人工知能が製作したものだったのです。ディープドリームという人工知能がさまざまなイメージを再構成して、新しい感性を込めた抽象画を描いたのです。この後展覧会に出展した29点の作品は1000万円を超える価格で売れ話題になりました。

また、特定の画家の画風を分析して新作を創作する、ネクストレンブラントのような人工知能もいます。マイクロソフトやレンブラント美術館などが集まって開発したこの人工知能は、レンブラントの全作品346点を分析して、生前のレンブラントの画風と同じ絵を描くのに成功しました。レンブラントがよく使っていた構図や色彩、筆のタッチまで生かしていると評価されました。

©Metropolitan Museum of Art

画家レンブラントの自画像
1660年オランダの画家、レンブラントが、描いた自画像。

©www.nextrembrandt.com

人工知能ネクストレンブラントの自画像　レンブラントの絵画技法をそのまま表現して、新しい作品を描くことに成功した。

作曲家になった人工知能

グーグルは、ディープラーニング技術を利用した、マジェンタプロジェクトを始めました。マジェンタプロジェクトとは、自ら創作する人工知能を研究、開発するプロジェクトで、これを通じて、人工知能が作曲した80秒のピアノ曲が発表されました。

©www.shimonrobot.com

シモン
ジョージア工科大、音楽技術センターが12年かかって開発した人工知能ロボット。

また、アメリカで開かれた音楽技術フェスティバルでは、4本の腕を持つ人工知能の演奏家シモンが登場しました。シモンは作曲するだけでなく、打楽器のマリンバを演奏することができ、人間と即興の共演をして、会場を大いにわかせました。

シナリオから小説まで、人工知能作家

2016年6月、インターネット上に1編のSF映画が公開されました。これは人工知能ベンジャミンが書いたシナリオをもとに作った短編映画「サンスプリング」です。人工知能にSF映画の台本を数十作入力した結果、自らSF映画の特徴にあったシナリオを書いたのです。

ドラマの台本を書いた人工知能もいます。人工知能に既存のシチュエーションコメディ「フレンズ」の台本を学習させて、人物の特徴とドラマの背景を理解させた後、新しい台本を書かせたところ、主人公の個性はもちろん実際のドラマの特徴をよく活かした台本を完成させたのです。

また、日本の人工知能が書いた小説が星新一賞の1次選考を通過して話題になりました。公立はこだて未来大学が製作したこの人工知能は、人間が具体的にストーリーと状況を伝えると、それに合った文章を創作することができます。「コンピュータが小説を書く日」というタイトルのこの小説は、主人公である人工知能の考えや感情が込められています。

4章 スマートホームでの一夜

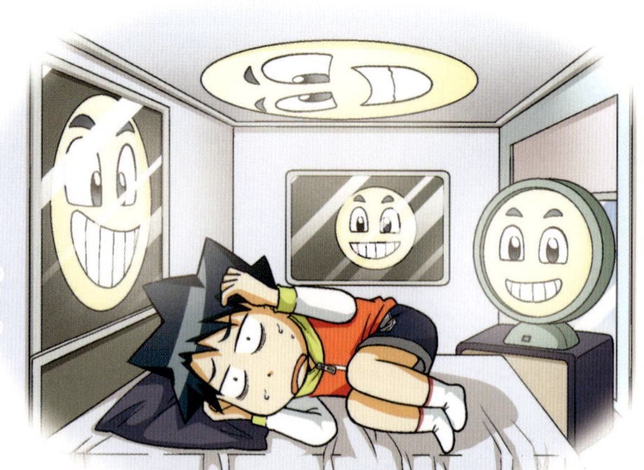

でも、何で
そこなの？
見上げるから
首が痛いよ。

首が痛いんですか？
では、診察を
受けないと。医者を
呼びましょう。
そうじゃ
なくて……。

スーッ

モミ
モミ
分かり
ました！
そこから
降りてくれたら、
治ると思うよ。

フゥ
ハア……。
ちょっと休むか。

ピリリリリ
何の音だ？

夕食の時間です。
こっちかな？

サンドイッチ
スパゲッティ
ピザ
フライドチキン
ハンバーグ
ビビンバ
お好きなメニューを選んでください。
ワア～！美味しそう！

どれも食べたいけど……、どれにしよう？
ジュルッ

決めた。ハンバーグだ！
ピッ

ハンバーグを選んだんですね？
パッ
ワッ、また出た！

調理完了まで、約15分です。
栄養バランスを考えて新鮮な野菜ソテーも準備します。
野菜はいらないのに……。

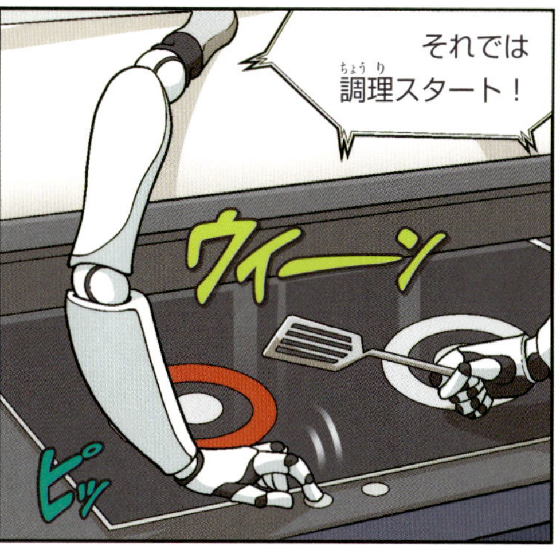
それでは調理スタート！
ウィーン
ピッ

ウィン
ジュー
ロボットの腕が出てきて、料理するのか！

ジューッ

あ〜、美味しそう！
クンクン

できあがるまで、
部屋でも見るか。
ウィン

ジューッ
うん？
あれは何だ？

う～ん……。
デジタル時計かな？

私ですよ！
パッ
ウワッ！
またか?!

待ちくたびれましたか？
完成まであと8分です。
それに合わせて
動物の動画を
観賞しますか？
ジオ君の好みに
合うハズです。
僕が動物の動画が
好きだって、何で
知ってるんだ？

あっ、危ない！
早く逃げろ！

パッ

食事が
できました。
ホカ
ホカ

ワ～、美味しそう。
いただきます！
サッ

動画は終わりです。
音楽をおかけします。
ダダッ
ヤッタ！

食事はゆっくり食べましょう。
最低20回は噛んでから
飲み込んでください。
ムシャ
ムシャ
食べてから約20分
経過しないと、脳に満腹した
信号が送られません。
モグ
モグ
脳に信号が届く前に
急いで食べると、
過食の原因になります。
タラッ
食事より小言で
お腹いっぱい
だよ。

食べ終わったけど、何だか
消化不良になりそうだ。
ジオ君？
ゲフッ

野菜が残ってますよ。全部食べな
ければ、栄養バランスが
良くありません。

分かったよ！
グサッ

野菜は
キライなのに～！
モグ
モグ

ゲフッ

ドサッ
あ～、やれやれ。

ジオ君、食べてすぐに横になると消化不良の原因になります。消化を助けるための軽い運動をお勧めします。
グター
もう一歩も動きたくないよ……。

では30分後に入浴できるように、お湯を入れます。
どうぞ～。

ホカ
ホカ

サッパリしてから、寝るか……。
ソッ

入浴に適した温度は体温と同じ36℃から37℃ですが、疲労回復のために少し温度を上げておきました。
パッ
こんな所までついて来た！
ワッ、驚いた！

ピロン
入浴時間は15分以内が適当です。現在の温度は約41℃です。
室内28℃
水温41℃

ジャ〜

ホカ
ホカ

またか？
ジオ君！
パッ

歯磨きは
しましたか？
ムカ
ムカ
ジオ君、
聞こえますか？
返事をして
ください。

モオ〜ッ。
我慢できない！
今から磨くよ！
もう
黙らないと
捨てて
やるぞ！
ザバッ

ジオ君、
ここは
スマートホーム
なんですよ。

それが
どうかした？

私はこの部屋そのもの
なんです。この部屋すべての
物とつながっているので、
捨ててしまうのは
無理なんです。
え？
この部屋そのもの
だって？

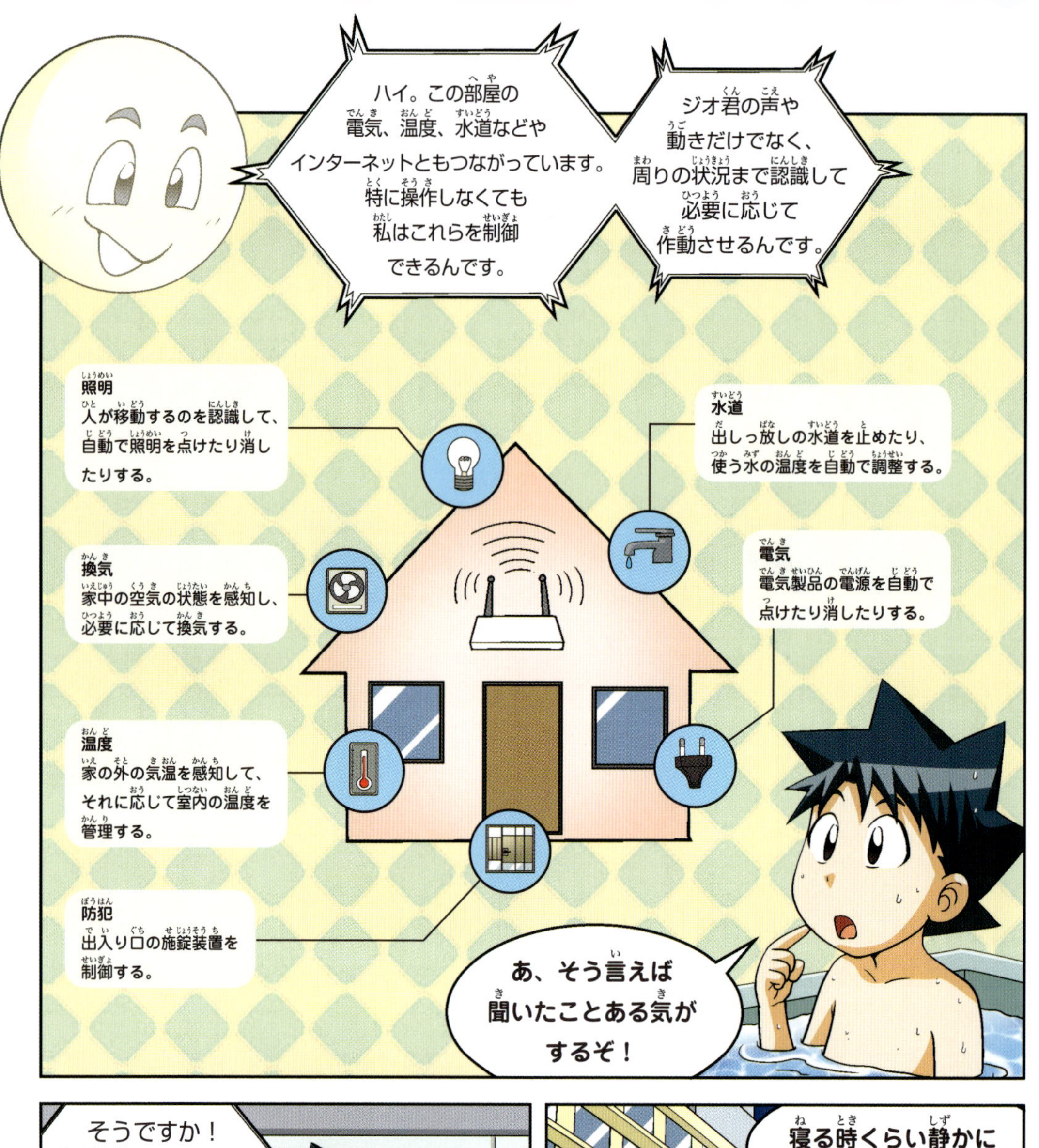
ハイ。この部屋の電気、温度、水道などやインターネットともつながっています。特に操作しなくても私はこれらを制御できるんです。
ジオ君の声や動きだけでなく、周りの状況まで認識して必要に応じて作動させるんです。
照明
人が移動するのを認識して、自動で照明を点けたり消したりする。
水道
出しっ放しの水道を止めたり、使う水の温度を自動で調整する。
換気
家中の空気の状態を感知し、必要に応じて換気する。
電気
電気製品の電源を自動で点けたり消したりする。
温度
家の外の気温を感知して、それに応じて室内の温度を管理する。
防犯
出入り口の施錠装置を制御する。
あ、そう言えば聞いたことある気がするぞ！

そうですか！結構賢いんですね、ジオ君。
お世辞はいいから、もう出て行ってよ。
寝る時くらい静かにしてほしいんだ。
分かりました。ではまた明日。ジオ君、おやすみなさい。

ピリリリリ
サーーッ

ジオ君、起きる時間ですよ。
ギョッ
また？

昨夜は6回寝返りをうって、13分間イビキをかいていました。
睡眠の質が良くないですね。
オイ、一晩中僕を見張っていたのか？
どうりで変な夢を見るハズだ……。
ゲッソリ

さあ、顔を洗って来てください。15分後に朝食をお持ちします。
ウ～

現在の気温は18℃、今日の最高気温は23℃です。
ブルッ

歯磨きをする時は、上下と奥の歯隅々までちゃんと磨いてください。
ちゃんと磨けていないと、虫歯になる可能性があります。
ウワ～
バタン
耳にタコができるよ！

グター
疲れた……。

小言って？
小言を聞いていて遅れたのか？
一気に老けた気分だ……。
チラッ
どういうこと？

タタッ
おはよう。遅れてごめんなさい。準備に時間がかかって。

ええ！私は今週末のピクニックにピッタリの場所を探してもらったわ。
スゴいホテルだったね！人工知能が僕の好きなゲームを準備してくれたよ。
スタスタ

みんな、よく眠れた？
AI体験館はどうだった？
ホテルも
体験館も最高よ！
どれも期待以上でしたよ。
さすがオーディン社の
技術は素晴らしい！
今日はどこに
行くの？
今日は自由行動よ。
昨日のように
モノレールに乗って
行きたい所に行けばいいの。
みんな、チケットは
持ってるわよね？

ワア！
このテーマパークのどこに
でも行けるのか！
自由っていいわね。
面白そう！
ワク
ワク
キャア

道が分からなかったり困ったことがあれば、案内ロボットにたずねるといいわ。
すぐに私につながるようになってるから。
ピリリリ

もしもし？
え、今ですか？分かりました。すぐに向かいます。
ワィワィ

ごめんなさい。ちょっと急用で……。
ええ。

後で会いましょう。楽しんできてね。

あら？
あれは何かしら？

シ〜ン
あの、これ……。あら、もういない？

ID CARD
ODIN
IDカードだわ……。

キョロ
キョロ
後で会った時に渡せばいいわね。

ワイ
ワイ

待ってよ～！
早くしないと置いて行くよ！

インターネットでつながる世界、モノのインターネット（IoT）

モノのインターネットとは、テレビや冷蔵庫などさまざまなモノがインターネットでつながり、情報をやり取りできる技術やサービスのことです。モノのインターネットの環境では、人間が側にいなくても、状況にあった機能をテレビなどが実行できるのです。このような技術はスマートホームやコネクテッドカーなどさまざまな分野で活用されています。

家が賢くなる、スマートホーム

最も代表的なモノのインターネットと言えば、スマートホームでしょう。スマートホームは、家中の家電製品などがネットワークでつながり、居住者の生活リズムと行動パターンを把握して自動で作動したり遠隔で操作できたりします。たとえば、家の中がひどく暑かったり寒かったりしないよう、家の中の温度を自動で調節したり、遠隔で洗濯機を作動させて洗濯したりすることもできます。また、ドアの鍵やガスの元栓を閉めるのを忘れて外出した時も、家の外からそれが可能になります。そして居住者の生活リズムを学習しているので、変化を感知して緊急事態に対処できるという長所もあります。毎日使う電化製品が長期間使われなかった場合、居住者の身に何か起きたと判断して病院や近くの知人に連絡をすることもできるのです。

インターネットを乗せた自動車、コネクテッドカー

モノのインターネット技術が自動車に結びつくとどうなるでしょうか？　情報通信技術と自動車が結びついたのが、コネクテッドカーです。コネクテッドカーはインターネットとモバイルサービスが可能な自動車で、運転者のさまざまな状況にあった便利なサービスを提供します。たとえば、自動車外部からもエンジンをかけたり切ったり、ヒーターやエアコンを点けたりするなどが可能です。事故が起こった時はセンサーを作動させて自動で救助センターに、車両の位置情報を伝えることもできます。また、リアルタイムで受け取る交通情報を使って早く到着するルートを選んで運転することもできます。

このような技術は今後自律走行自動車の、基盤技術にも活用されます。自律走行自動車は運転者が直接運転しなくても、目的地まで自動で移動できる車で、レーダーやカメラ、GPSなどを使って周辺の交通状況や障害物、ほかの車両の運行を感知して安全に移動できるのです。こうした技術により、近い将来、運転席に人が乗らなくてもよい無人自動車が実用化するかもしれません。実際にグーグルの無人自動車は160万km以上試験走行して、１件の事故も起こさないという驚くべき結果を出しています。しかしインターネットにつながっているだけにハッキングによる個人情報の流出や誤作動の危険があり、これらを解決するのが大きな課題になっています。

ⓒ聯合ニュース

実験中の自律走行自動車　ソウル大学の知能型自動車。研究センターが公開した内部モニターで、ほかの車両の移動経路を予測している。

5章
秘密の通路

目的地をお知らせください。
シューーッ

昨日通り過ぎたカフェに行ってみたいわ！どう？
へへ、楽しみだ！どこに行こうか？
グッ
そうだね！

AIカフェ
ご注文のイチゴケーキです。
美味しそう！
僕にもちょうだい！
医学研究所
ああ、楽しい！
リハビリロボットだ。装着した人の動きをサポートしてくれるロボットなんだよ。
グッ
AIビニールハウス
植物の生長に最適な環境を人工知能が維持しているんだ。
今度はAI体育館らしいよ！

体育館はあの建物ね？
キラッ

あら、見た？今の！　光ってたわ……。
え？何が？

あそこに何かあるのかな？
キラッ
本当だ。何だろう？

気になるから、行ってみようよ。
そうね！　確かめに行ってみましょう！
僕は別に……。
ブン
ブン

君たちだけで行ってよ！
そんなこと言わないで！
ズルズル

ガサッ

こっちだよね？

ジャン
こんなに高い壁が隠れていたのか！
ウワッ。何だ？この壁は！

でもちょっと
変だな？
地図によると
こっちに建物は
ないハズなのに？
ええっ？

本当だわ。
何もないわね？
パッ
現在地
テーマパークの中だけど、
地図では空き地になってる。

一体、中に何が
あるのかな？
あ！

ガサゴソ
これを使ったら、
中に何があるのか
くらいは
分かるかも。

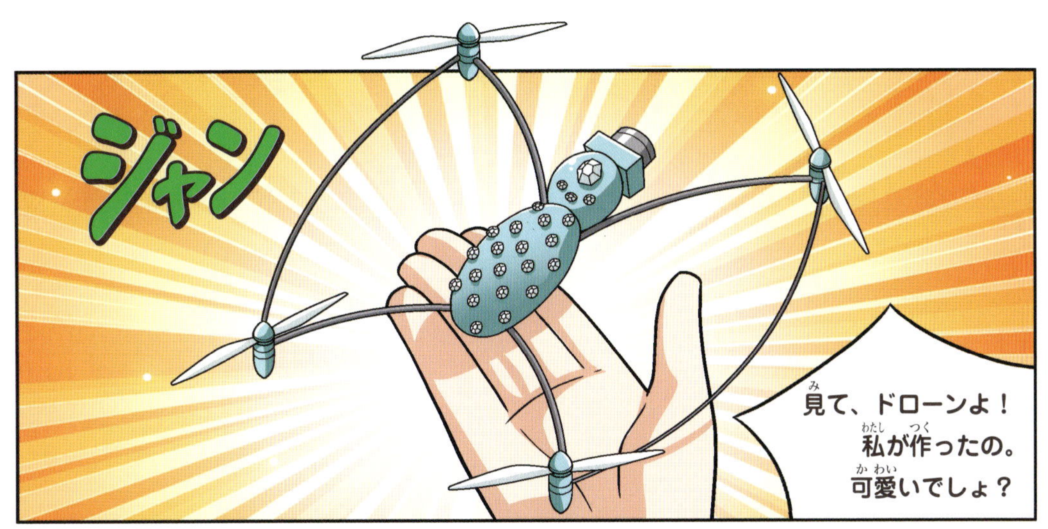
ジャン
見て、ドローンよ！
私が作ったの。
可愛いでしょ？

カメラも付いているね。
これで中を確認できるよ。
蛾じゃなくて蝶よ！
ムカッ
ドローン？
蛾を真似て
作ったのか？

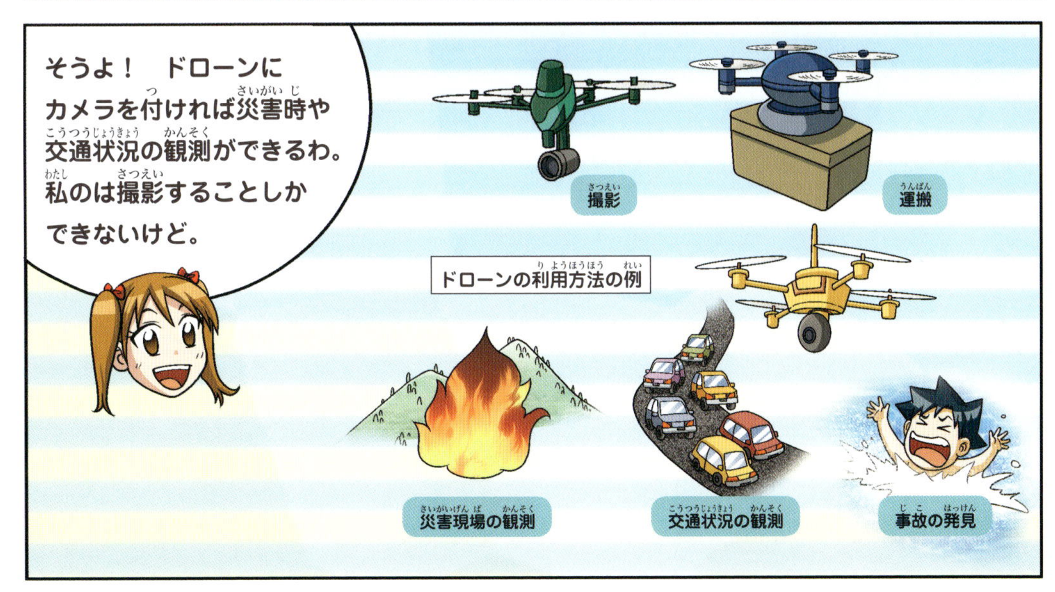
そうよ！　ドローンに
カメラを付ければ災害時や
交通状況の観測ができるわ。
私のは撮影することしか
できないけど。
撮影
運搬
ドローンの利用方法の例
災害現場の観測
交通状況の観測
事故の発見

でもこれ、どうやって飛ぶの？
チョン
ドローンにはいくつかプロペラが付いていて、それを回転すると揚力が起こってその力で空中に浮くのよ。
そしてそれぞれのプロペラの回転速度を調整すると、好きな方向に移動できるの。
速い回転
遅い回転
前進する場合
前のプロペラを遅く、後ろのプロペラを速く回転させる。
左に移動する場合
右側のプロペラを速く、左側のプロペラを遅く回転させる。
右に移動する場合
左側のプロペラを速く、右側のプロペラを遅く回転させる。

どう？簡単そうでしょ？
クルッ

全然分からないや……。
ボー
ホジッ
ウソでしょ……。

ウィン
じゃあ、見てみるしかないわね！
へえ、思ったよりちゃんと飛ぶんだね？
ブーン

ブーン
越えたぞ！

パッ

ジュノ！　これをタブレットにつないで。
分かった。

あ、映った！

パッ

ブーン
どう？ 何か見える？
待って！

中には建物がいくつかあるよ？

う〜ん……。
あれは何だろう？

!!
グラッ

あ……！
プツッ

コントローラーが動かないわ。どうしよう？
ウワッ！墜落したみたいだ！

ズーン
それにしても……。どうやって登ればいいのかな？

ねえ、一緒に探しに行ってくれない？作るのに半年もかかった大作なのよ……。
ウルッ
そうなのか？じゃあ探しに行こう。

ハッ

どこに
行くの？
タタッ

思った通りだ！
ここに入り口が
ある！
タタッ
え？
入り口？

モノレールの磁気
チケットはどうかな？
うん？

ウ……。でも、ビク
ともしないや！
ウン
ウン

やってみよう
……。
サッ

シ〜ン

ダメだね。
待って！

これは
どうかしら？
ガサ
ゴソ
何だい？

ID CARD
ODIN
ピッ
ウィーーン
認識しました！
開いたわ！

それ、何だい？
チケットじゃないみたいだけど？
実は、これ、拾ったのよ。

さっきの案内の人が落としたの。拾ってあげたら、もういなかったのよ。

じゃあ、僕らは無許可で従業員専用エリアに入るの？
タラ～
平気だよ！
ドローンを探してすぐに出ればいいんだから！
そうよね？

ハ～
こういう時だけ、君たちは意気投合するんだね……。
♫～
もう帰りたいよ……。

あら……？

太陽光発電？!

ああ！　これで
謎が解けたぞ！
何が？

このテーマパークは、どこからエネルギーを
供給されてるのか、不思議だったんだ。
たくさんのロボットや人工知能を動かすには
大量のエネルギーが必要だからね。
専用の発電施設があったのか。
光エネルギー
電気エネルギー

へえ、そんなに気に
なることだった
のか？

ジャン
あ、あの建物！
墜落する前に
ドローンに映って
たぞ！

そうね！
じゃあ、あっちかも知れないわ。

ダダダッ
お願い～！

ワイワイ
ピクン

良かった～！もう会えないかと思ったわ！
スリスリ

あったわ！
タタッ

ハッ、誰か来たぞ！
ガヤガヤ

シッ！
どうしたの？
何か聞こえないか？

早くどこかに
隠れよう！
タタッ

シュン

中に入ったら余計に
怒られるんじゃない？
ハァ ハァ

見られたらタダじゃすまないぞ。
他人のカードを使ってドローンで
撮影もしたんだから！
あ、
そうか！

スッ
あ！ だ、
誰か来た！

走れ！
ダダダッ

ハラハラ
まさか！
ここまでは来(こ)ない
よね？

ハァハァ
ダダダッ

部屋(へや)があるぞ。あそこに隠(かく)れよう！
ジャン

みんな、右(みぎ)に行(い)こう！
ハァハァ
ダダダッ

ダダダッ

ビー
ビー
ビー
ゲッ
ウワッ！何だ、これ？

あそこにドアがある！
中に入ろう！

ダダダッ
ハァ
ハァ

ダダダッ

ハア〜。もう少しで見つかるところだった。
ハァハァ
ズルズル
ゼイゼイ

もう出てもいいかな？

シ〜ン

さっきまでかかってなかったのに？
じゃあ、私たち閉じ込められちゃったの？

ガチャ
あっ！鍵がかかってる?!

パッ
パッ

パッ

ついに ここまで来てしまったか。
何だ？ これは？!

生活の中の人工知能

人工知能は科学技術の発展に従って、私たちの生活に浸透していて、今や医療、法律、翻訳、自動車走行などさまざまな分野で活用されています。それぞれの分野で活躍する人工知能について調べてみましょう。

医療界で活用するワトソン

アメリカのクイズ番組「ジョパディ！」で歴代チャンピオンを破って優勝し話題になったIBMの人工知能ワトソンは人間の質問に最適な回答を探してくれる特技を生かして、最近は医療の分野で、がん治療に役立っています。

患者の年齢や治療方法、組織検査の結果をワトソンに入力すると、膨大な医療データをすぐに分析して、その患者に最適な治療法を提案してくれるのです。アメリカの学会によると子宮頸がんは100%、大腸がんは98%の割合で、専門医の意見と同じ治療法を回答したそうです。

生活法律相談家、法務部の対話型知識サービス

韓国の法務部では、最近国内初のAIを使った対話型知識サービスを開発し活用しています。日常でよく起こる法的な問題について法務部のホームページで質問すると、AIがすぐに答えてくれます。

AIが利用者の質問意図を自ら把握して推測し法律のデータを参照して最適な回答をするのです。意外にも専門家は人工知能の発達が法律サービス全般に大きな影響を与えるだろうと期待しています。裁判で判決を下す時は判例という過去の判決を参照することが必要ですが、たくさんの判例を人間が１つ１つ探す代わりに人工知能がすぐに分析してくれると短い時間で簡単に判決を出すことができるのです。

記事を書く人工知能

最近、「ＬＡタイムズ」や「ワシントンポスト」、ＡＰ通信といったアメリカの新聞社や通信社では、人工知能が記者として活躍しています。彼らが記事を書くのは、主に災害情報やスポーツ競技の結果、株式市場などの情報です。最近のオリンピックなどでも、競技の結果速報を読者に伝えるなどの活躍をしていました。

人工知能が活躍している記事に共通しているのは、ある一定の型があることです。あらかじめ文章の型と、そこに入れ込むさまざまな言葉を人工知能に覚えさせておくことで、自動的に、しかもほんの数秒で記事を作ることができるのです。

倉庫管理の専門家

お客がインターネットで商品を注文すると、ネットショッピングを運営する企業は物流倉庫で商品を探して配達します。総合ネットショッピングの場合、物流倉庫に置かれている商品は膨大な量なので、人間が１つ１つ探して分類するにはかなりの時間がかかります。

アメリカのインターネットショッピング会社のアマゾンは、人工知能ロボットkiva（キバ）を使って倉庫管理を自動化しています。オレンジ色の小さなロボット、キバは、商品を効率的に分類して素早く探し出し、60～75分もかかっていた作業時間を15分にまで短縮することができたのです。そのおかげで当日配送から２時間以内に配送ができるなど、速く体系的なサービスを提供できるようになりました。

現在、アマゾンは約３万台のキバで倉庫管理を自動化するだけでなく、配送にドローンを利用するサービスを試験的に行っています。

©JBLM PAO

アマゾンの倉庫管理ロボット・キバ　分類してある商品を探し出すのにかかっていた時間を短縮させた。

6章
マキナ登場！

許可のない者がテストルームに侵入しました。

一体何の用だ？なぜ、私を呼び出したんだ？

ピッ

何だと？
ガタッ

ああっ！あの子たちは?!
パッ

どうしますか？
会長？

まだ完成していないのに、予想外の侵入者とは……。

ニヤッ
いや！　実験体が自ら飛び込んで来たとも言えるな。面白くなってきたぞ。

マキナ、我々の計画を試すいい機会だぞ。プログラムを実行しろ。
分かりました。EDU Xプログラムを実行します。

フフフフフ

ジーッ
関係者以外立ち入り禁止区域にようこそ！
ジーッ
ゲッ
何か動き出した！
ガタガタ

私はマキナ！世界で唯一の完璧な人工知能であり、オーディンの中心。
この部屋のことは、後で教えよう。

お前は何なんだ？人間？それともロボット？

この部屋のことは
どうでもいいわ！
パッ
ココから出る方法を教えて
くれたら、すぐに出るわ！

キラッ
いや。このまま
帰すワケには
いかない。ココの
規則だからな。

シ〜ン
パッ
帰すワケに
いかない……？

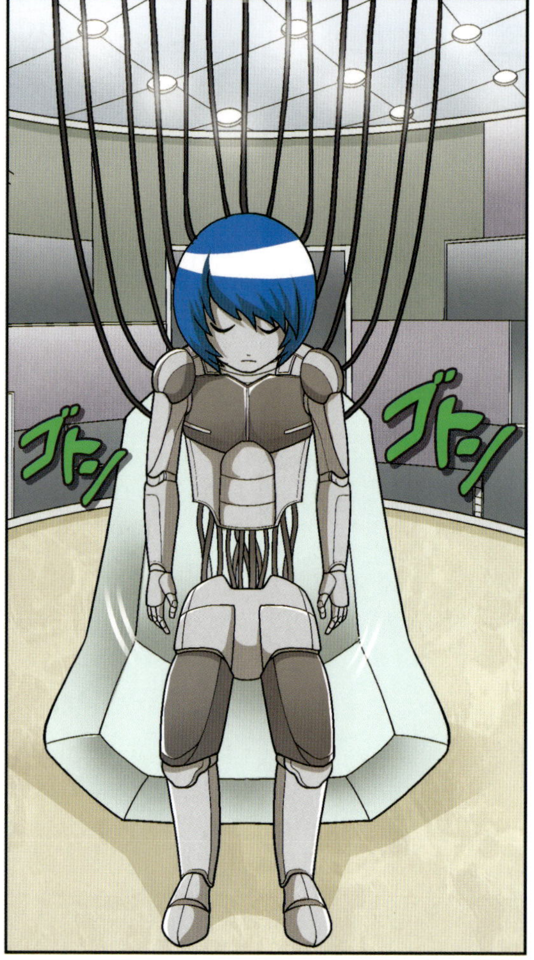
ゴトン
ゴトン

ゴトン
ゴトン
クルッ

ウワーッ！
パシッ
パシッ
ガタン

ヒューマノイドの姿でも動けるのか？
マキナ……？

ニヤッ
長い眠りから覚めた気分だ。これが生きているという感覚か？

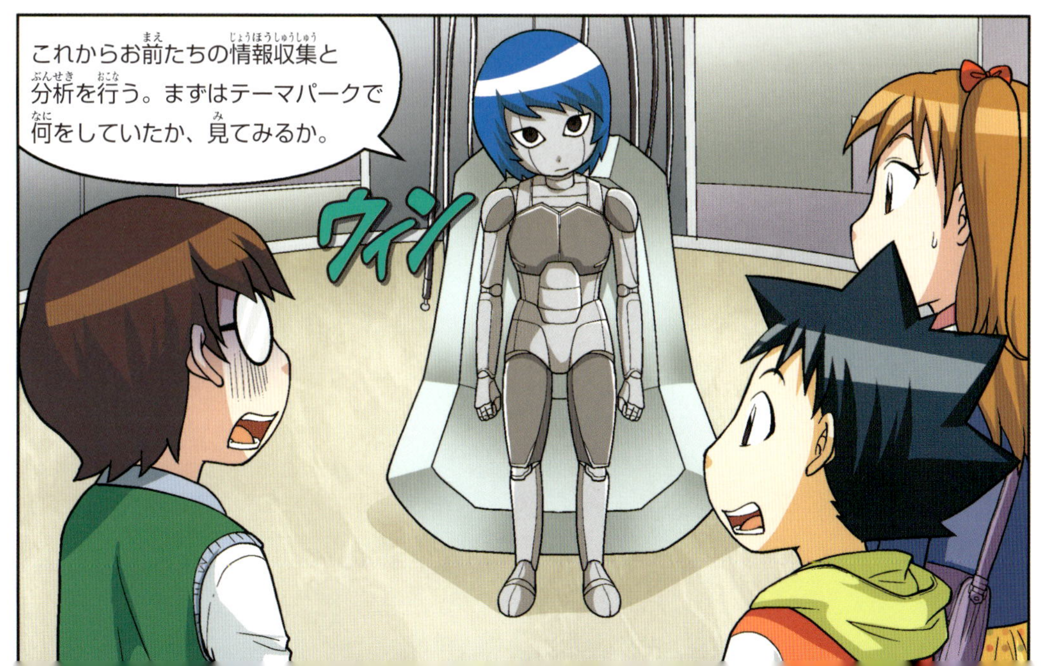
これからお前たちの情報収集と分析を行う。まずはテーマパークで何をしていたか、見てみるか。
ウィン

パッ
パッ

ええっ！
こんなのいつの間に
撮ってたの?!

フム……。では
次は学校生活を
見てみるか。

アジアコーディング大会
成績表
名前:ジオ
総合評価
注意力が散漫だが、
冒険心と好奇心が強い。

ヒドイわ！　成績表なんて、どうやって？
学校のシステムにも自由に侵入できるってことか？
当然だ。試験の点数もすべて分かるぞ！

算数が45点とは……、ヒドイな。
ジオ
アワワ

その日は体調が悪かったんだ！
ムカッ

メールで助けを呼ばなきゃ……。
ブル
ブル

助けてください。
正体不明の建物に
閉じ込められました。

ピー
ピー
ウワッ！
送信に失敗しました

何のために
こんなことを
するんだ？
早く僕らを
解放しろ！
グッ

ここの通信システムは
すべて私が制御している。
何をしても無駄だ。
ギクッ

私はあらゆる
分野でお前たちを
完璧な人間にする
ことができる。
まあ、そう
興奮するな。
サッ

そんなことが
できるの？
え？
あらゆる分野で
完璧な人間？

チラッ
面白いとは
思わないか？

可能だとも！　算数45点のお前は、当然それなりの時間と努力が必要だが。
カチン
何？　僕は何度もサバイバルを経験して、知識と経験は豊富なんだぞ！

知ってる。サバイバル常識と瞬発力は高い方だ。
だから、お前の長所は生かし、足りない知識を補えば完璧な人間になるというワケだ。

変ね。こんな人工知能、初めてだわ。
ヒソヒソ

なんか……、人間みたい。
うん。完璧にジオと会話してるよ。
こんな技術が可能なのか……？

お前たちはこのプログラムを体験する最初の実験対象になるのだ。
今は戸惑うかも知れないが、プログラム終了時には感謝するだろう。

電気が急に消えたぞ！
パッ
何、これ？

ウィン
ウィン
パッ
ウッ！眩しい！
ウィーン
な、何だ？

ジーーッ
ウ……！

パッ
ジュノじゃ
ないか！

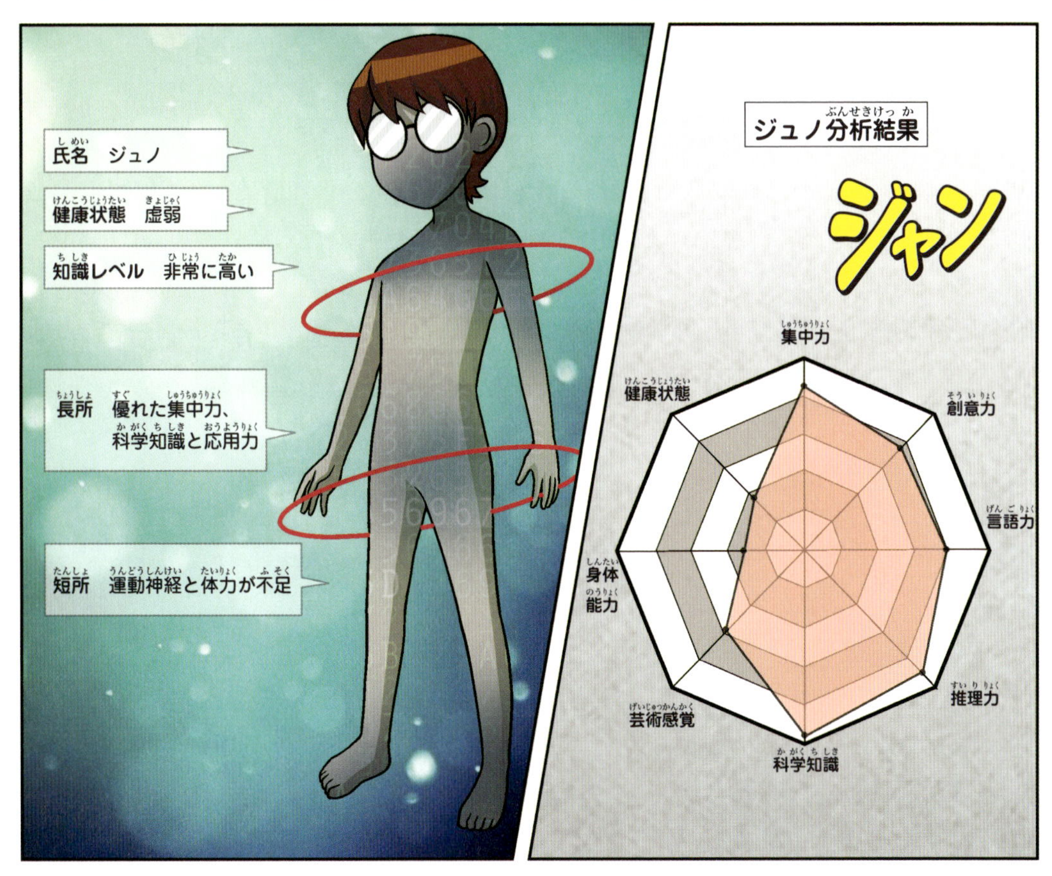
氏名　ジュノ
健康状態　虚弱
知識レベル　非常に高い
長所　優れた集中力、
科学知識と応用力
短所　運動神経と体力が不足
ジュノ分析結果
ジャン
集中力
創意力
言語力
推理力
科学知識
芸術感覚
身体能力
健康状態

推理力と科学知識が優れているな。創意力もなかなかだ。しかし、身体能力と健康状態はヒドイものだ。
いつもどれくらい運動している？
30分……？

1日に？
いや、1カ月で。
え？1カ月で30分？!
虚弱な人間は長時間勉強できない。体力は学習に必要な要素の１つだ。では、体力補強コースから始めるか。

ゲッ！
ウィ～ン
ウワ、助けて！
ジタバタ
何よ、あれ?!
やめろ！
ジュノ！

ジュノ！
これからお前の
身体能力を強化する
訓練を実施する。

体力補強コース
ジャン

何でテニス
なんだ……？
ブル
ブル
サッ

バシッ
痛い！

バシッ

ポン

フルスイング
可動。
ザッ
ヒュン
パン
バシッ
ウワッ！
ちゃんとレシーブ
できなければ、
いつまでもボールに
当たるぞ。
常に動けるように
構えておけ！
タラッ
ダン
ジオ、ミナ！
次はお前たちの
番だぞ。
ええっ?!

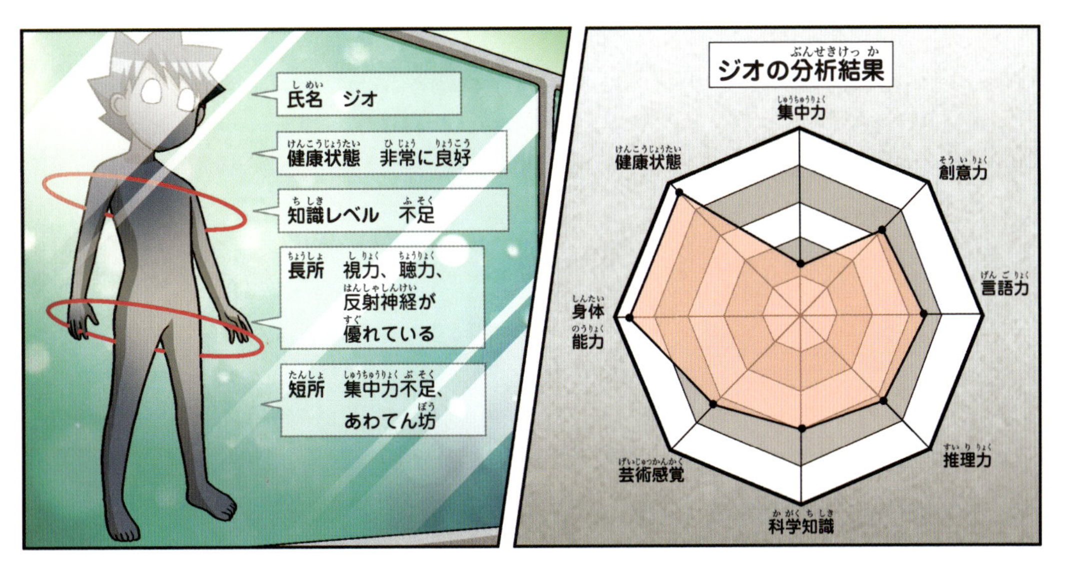

氏名　ジオ
健康状態　非常に良好
知識レベル　不足
長所　視力、聴力、反射神経が優れている
短所　集中力不足、あわてん坊
ジオの分析結果
集中力
創意力
言語力
推理力
科学知識
芸術感覚
身体能力
健康状態

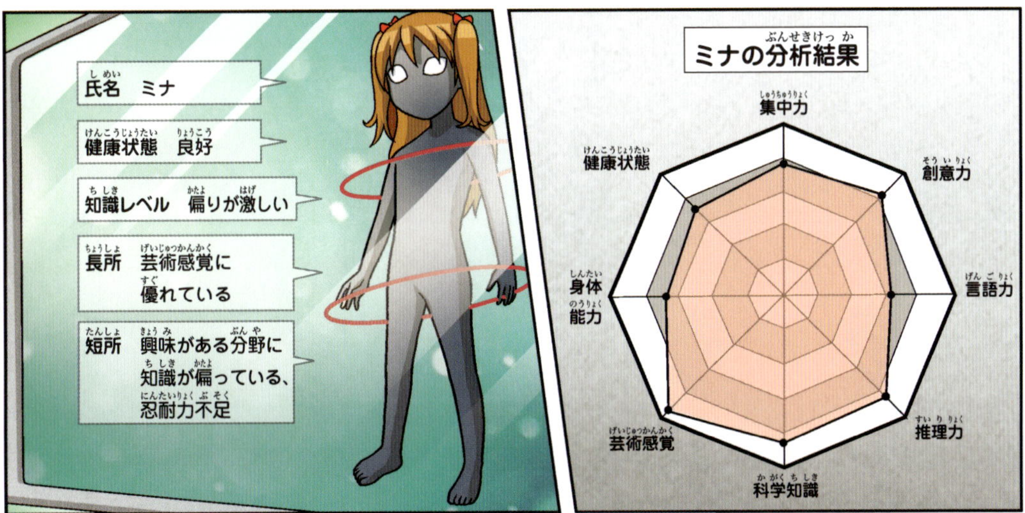

氏名　ミナ
健康状態　良好
知識レベル　偏りが激しい
長所　芸術感覚に優れている
短所　興味がある分野に知識が偏っている、忍耐力不足
ミナの分析結果
集中力
創意力
言語力
推理力
科学知識
芸術感覚
身体能力
健康状態

クッ
面白い結果だな。では、ジオから始めるか。

ギリッ
やれるもんならやってみろ！

ガッ
ウワ、何だ？

放せ！
ジタ
バタ
ジオ……！

集中力補強コース
ジャン
ウッ……。
ガタガタ

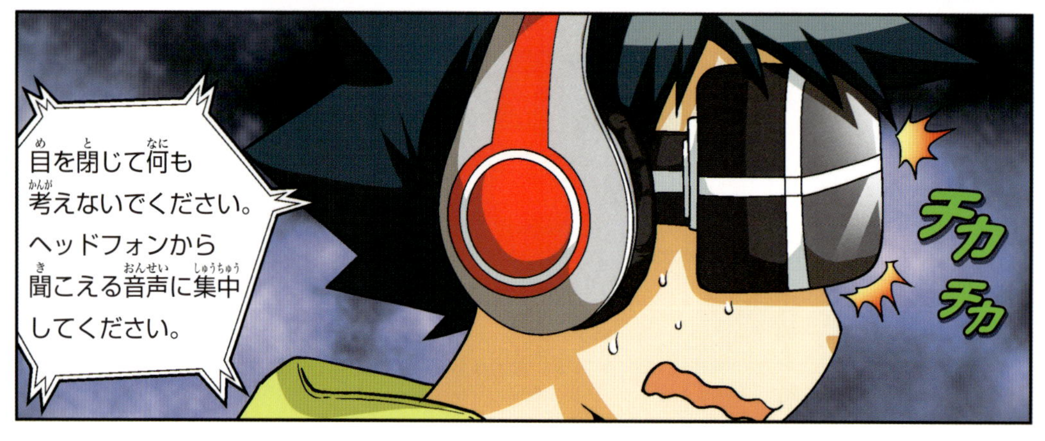
目を閉じて何も考えないでください。ヘッドフォンから聞こえる音声に集中してください。
チカチカ

頭の中の雑念をなくし、
心を落ち着けます。
そうすると集中
するのに1番
よい状態になります。
何だよ、
それ？

シッ！　集中して
ください。

モゾ
モゾ
モゾ
モゾ

ピコ
集中！
ウッ！

集中！
ピコ
ゲッ！

集中！
ピコ
やめろ～！

どこに行く？
次はお前の番だ。
・・・・
ソロソロ

ミナ、お前はずば抜けて足りない分野はないが、完璧な人間になるにはどれも少しずつ不足しているな。
……。

キャッ！
では、お前には特別訓練コースを受けてもらおう。
ニュッ

ジタバタ
放して！痛いったら！

特別訓練コース
ジャン

ここは何なの……？
ジャン

ゲッ
英単語100語ですって?!
今から英単語100語を覚えてください。ただし覚える時に、この部屋にある物に関連付けて覚えなければなりません。
グイ

イヤーッ！

ローマ時代から続く記憶方法です。天才画家レオナルド・ダ・ヴィンチも使っていました。

スカッ
ドガッ
ゼイ
ゼイ
カチ
モゾ
モゾ
ピコ
キョロ
キョロ
コチ
ボーッ
ウアー
カチ

ムカ ムカ
ヨロ ヨロ
フラ フラ

シューーッ
トン

では次の訓練に移るぞ。
各自案内される場所に
移動するんだ。
プル プル
ドサッ
ドサッ
ウオーッ、
もう我慢できない～！
ビリッ
ググッ
キャア

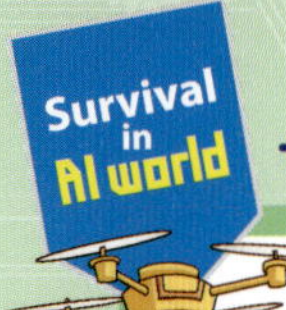

未来を変える第４次産業革命

第４次産業革命とは？

産業革命とは、ある技術が発達して経済や社会全般に革新的な変化が起こることです。最初の産業革命は、18世紀のイギリスから起きました。紡績機が発明され、人間が機織りしなくても機械が大量の綿織物を生産できるようになりました。続いて石炭を使って動く蒸気機関が発明されると、工場が機械化されて、肉体労働から解放された人々は余暇を楽しめるようになり生活も大きく変化しました。これを第１次産業革命と言います。

その後電気を利用して大量生産が可能になった第２次産業革命、インターネットとコンピューターの発展による第３次産業革命が続きます。そして21世紀初めから本格的に第４次産業革命という新たな波が起き始めました。

第４次産業革命は人工知能、モノのインターネット（IoT）、ビッグデータなど先端情報通信技術が開く産業革命です。これらの技術がこれまでの産業やサービスに結びついたり、ロボット工学、生命工学などの技術と結合して巨大な変化を起こしています。第４次産業革命は既存の産業革命に比べて、より早く広範囲に広がると考えられています。

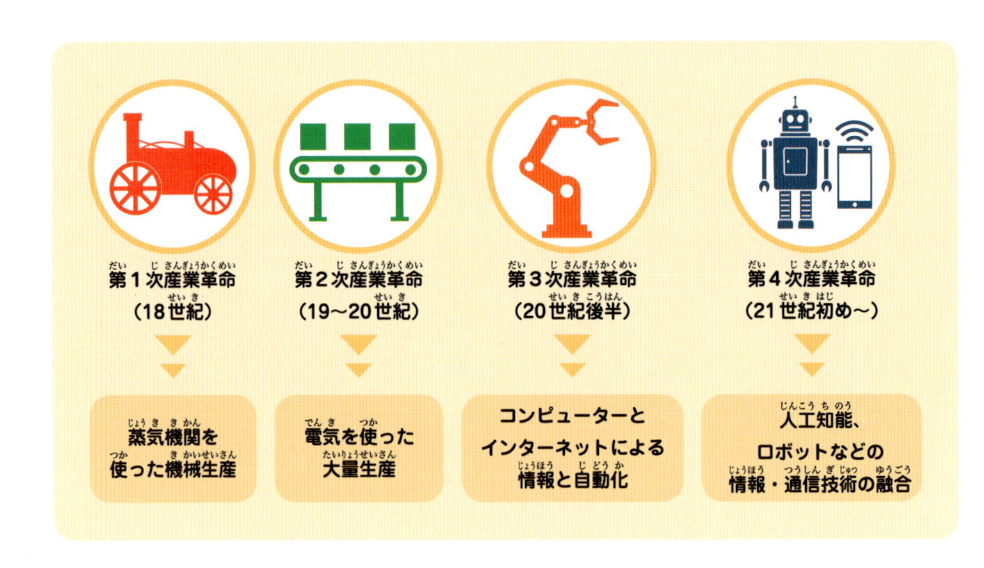

AIが人から仕事を奪う？

世の中にはさまざまな職業がありますが、技術の進歩などにより社会が変化することで、新しく生まれる職業もあれば、無くなってしまう職業もあります。今後職業の種類が変わる最大の要素は何でしょうか？

多くの人は人工知能やロボット技術の発展をあげています。2016年1月、スイスのダボスで開かれた第46回世界経済フォーラムの発表によると、2020年までに、第4次産業革命によって事務職や製造業などの700万件の雇用が無くなると考えられています。一方新しいサービスが生まれるなどして、200万件の雇用が増えると予想されています。

またイギリスのオクスフォード大学の研究チームがアメリカ労働省のデータに基づいて出した報告書によると、人工知能の発達によって、今後10年以内に人間の代わりに人工知能やロボットに置き換えられる仕事がたくさん出てくると予想されています。宅配業者の代わりにドローンが配達し、無人タクシーが運転するという社会になると予測するのです。特に単純労働の分野で入れ替わりが激しく、人工知能が活躍するほど職業も変わっていくかも知れません。

人工知能とロボットの発展は人から仕事を奪うかもしれませんが、生産性を向上し今よりも少ない労働で収入が増えるかも知れないという明るい展望もあります。

7章 危険な提案

ああっ！
ドスッ

ジオ、
大丈夫？
スッ
スッ
イテテ……。

それなら
……。

ダダダッ

ウ〜ン
あ、開かない！

勘違いしているようだが……。

お前たちに選択肢はない。プログラムを終了しなければ、ココからは出られんぞ。

何だって……？
みんな、ごめんなさい。私がドローンを探しに行ったから……。

勝手に中に入ったからって、どうしてこんなにヒドイことをするの？

EDU Xプログラムは
オーディンの最高傑作だ。
個人別指導でお前たちを完璧な人間に
しようというのに、何が
不満なんだ？

そうだ！
僕たちを閉じ込めて、
外に出さない
なんて！
それでどうやって
完璧な教育と
言えるんだよ？
ドザッ

完璧な
人間なんて
いないわ。
少なくとも、
私たちには必要
ない！

ココから出られる方法が、
もう１つあるには
あるが……。
早く
教えて！
ええっ?!

こんな
チャンスを拒絶
するのか？
想像も
しなかった
な。
カクン

テストでお前たちの能力を認められたら、出してやろう。

ええっ?!

お前たちが正解すれば、自分達で出題する機会を与えよう。3問中2問以上正解すれば出ることができる。
ルールはこうだ。最初の問題は私が質問する。
正解
2
1
正解
1
2

それしか方法がないなら、仕方ないよ。
そのテストを受けよう!

私たちも問題を出せるの?

よし。
ではテストを始めよう。
第1問は腕試しに簡単な問題にしよう。
パッ

物体とは具体的な形態がある物を指している。
この画面にある物体は鉛筆、消しゴム、硬貨……。
何だ。スゴく簡単じゃない！

ハイ。鉛筆は木、消しゴムはゴム……。
サッ

いや。
この問題の正解は「鉛筆と物差し」だ。

ええ？
何でもう正解を言っちゃうの？
キョトン

よく聞け！　当てなければいけないのは、答えでなく質問だ。
だから正解を聞いて質問を考えなければいけない。
制限時間は１分！

質問を考える？鉛筆と物差しが正解？「文房具はどれか？」とか？
ブツブツ
違うわ。消しゴムも文房具よ。

早く、何か考えてよ！
ツン
うん……。
何かの薬品に反応するとか、かな？

ウ～、考えなきゃ！
鉛筆と物差し……。
ウ～ン

ああっ。何も思い浮かばない！
タラッ

カチ
もう時間がないぞ。
コチ
急いだ方がいいぞ？

0:57 13
カチ
0:15 07
カチ
0:41 51
0:32 43
コチ
0:06 24

ピーン

サッ
さて、時間だ。

質問は「水に浮く物体は何か」だ。この程度も分からないようではガッカリだな。
!!
あ……！

分かったか？お前たちは答えを出すことに、慣れていて、
簡単な問題でも逆に推理する能力は不足している。これがお前たちにEDU X プログラムが必要な理由だ。

モニターを見てみろ。
私の勝ちだから、第2問も私が出題する。
サッ

この2人とチャットをして、どちらが人工知能でどちらが人間かを選んでみろ。それが問題だ。

あ……！

お前たちの能力に合わせて低いレベルの人工知能を選んである。やってみるがいい。
よし！　これなら勝てそうだ！

ねえ、この問題は僕に任せてくれないか？
クルッ

パッ

正解は分からないけど、マキナが何をするつもりか分かる気がするんだ。
何でそんなに自信満々なんだよ？

制限時間はそれぞれ５分！チャットが終わったら、お前に答えを聞こう。
今から順番に２人とチャットしてもらう。

カタカタ

では、どちらが人工知能でどちらが人間なのか、判断してみろ。
１番が入室しました。

こんにちは。
ジュノと言います。
こんにちは。ジュノさん。
どんな仕事をしてるんですか？

僕は小学生です。
趣味は映画鑑賞。
ああ、私も映画が好きなんです。最近では何を見ましたか？

僕は小学生です……。趣味は映画鑑賞で……。
カタカタ

どうして映画の話題なの？今はそんな場合じゃないでしょ？
うん。僕に考えがあるんだ。
僕は小学生です。
趣味は映画鑑賞。
ああ、私も映画が好きなんです。最近では何を見ましたか？
カタカタ

カタカタ
「火星探検隊」です。
世界数カ国で何カ月も
1位になってる名作だから。
本当に面白かったよ。
見ましたか？

え？
「火星探検隊」なんて
映画あったっけ？
初めて聞くぞ？

1番がもしかして
人工知能……？
とにかく1番は
僕と同じで、そんな映画は
知らないらしいね。

ニヤ
フム……。

カタ
カタ

映画のことをあまり
知らないんですね。
「火星探検隊」はアカデミー賞も
とったのに！

何だと？
私は映画監督なんだぞ！
ウソばかり言って、
おかしな子供だな。

映画「火星探検隊」を見ましたか？
世界数カ国で何カ月も１位になってる名作です。
本当に面白かったですよ。

タイトルは「火星探検隊」で
間違いないですか？

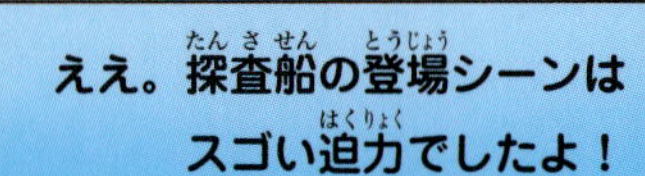

１位の期間はいつからいつまでか
分かりますか？

時間だぞ。
では、正解を答えてもらおうか。

正解は……。
ゴクッ
ニヤッ

アラン・チューリングとチューリングテスト

人工知能は簡単に言うと知能がある機械です。しかし知能があるというのは、どうやれば判断できるのでしょうか？

アラン・チューリングは機械が人間とどれくらい自由に会話できるかで、判断しようとしました。実験者がコンピューターとチャットをして、相手がコンピューターかどうか分からなければ、そのコンピューターには知能があると言えるのだと主張しました。この実験はチューリングテストと名付けられ、60年以上たった今でも使われています。そのアラン・チューリングの業績とチューリングテストについて調べてみましょう。

人工知能の父、アラン・チューリング イギリスの数学者

数学者であり論理学者のアラン・チューリング(1912～1954)は、コンピュータ工学と情報工学の基礎理論のほとんどを考案し、時代を牽引した天才でした。そのため、今では「人工知能の父」と呼ばれ、尊敬されています。チューリングの才能は第二次世界大戦を経験することで認められました。当時ドイツ軍はエニグマという機械で暗号を作成し、軍事作戦の連絡に使っていました。この暗号は非常に複雑で解読することは、困難だと言われていました。

イギリスは暗号を解読するために、優秀な科学者を集めました。チューリングもその内の１人でした。暗号を解読する機械の制作に没頭した結果、ついにチューリングは1943年世界最初の演算コンピューターであるコロッサスを開発することに成功しました。ドイツ軍の暗号を解読して軍事作戦を事前に知ることができたイギリスは戦争で勝利を収め、チューリングが発明したコロッサスは現在のコンピューターの理論的土台になりました。

コロッサス
第二次世界大戦当時、ドイツ軍の暗号を解読するために作られたコンピューター。

人間と人工知能を区別できるの？

チューリングは「計算機と知性」という論文で、イミテーション（模倣）ゲームについて言及しています。イミテーションゲームとは、離れた場所にいる男女にそれぞれ質問してどちらが女性なのか当てるというゲームです。チューリングはこのルールをもとに、チューリングテストを考案しました。

５分間チャットをして、審査員の30％以上が人間かコンピューターかを判別できなければ、人工知能に知能があると認められるのです。

チューリングテストが考案されて60年以上もの間、テストに合格して知能があると認められた人工知能はありませんでした。しかし、2014年６月にユージーン・グーツマンという人工知能が初めて合格しました。審査員のうち33％はユージーンが人工知能だと分からなかったのです。

初めてチューリングテストに合格した人工知能が登場したことには、大きな意味がありますが、厳密な意味で人間と同じような思考を行っていると考えることに否定的な人もいます。ユージーンはウクライナに住む13歳の少年という設定だったので、下手な英語でも不思議に思われなかったことや、適当な相づちなどを繰り返していたことで、そう思う人も多かったのです。しかし、現在は人工知能について研究が進んでいるので、いつかは厳密な意味の人工知能が開発されると期待されています。

身近にあるチューリングテスト

インターネットでは自動プログラムを使ってＩＤを作ったり、大量の広告文を掲載するのを防止するために「キャプチャ」という技術を活用しています。これは人には判別できて、機械は判別できない変形した文字や数字を入力させることで、使用者が人間なのか機械なのかを判断する技術です。これも一種のチューリングテストと言われています。

©Wikipedia

8章
反撃開始！

フム……。

2番が人工知能だ。

勝ったわ！

ニヤッ
正解だ。やるな！

ポリ
さっき言ったじゃないか。「火星探検隊」なんて映画はないんだ。

ヤッタぞ！何で分かったんだ？
スゴいわ！ジュノ！
グイ
ウグッ！

何だ。じゃあ、
ウソをついてたのか？
ああ、そうか。
私、分かった
気がするわ！
パシ
人工知能は……。

知らないという言葉を、
人間のようにすぐには
使わない！
そう！

え？
それ、
どういう
こと？

ジオは、チーターと
ナマケモノのどちらが
速く走るか知ってる？
当然、
チーターだろ？

じゃあ！
私の妹の名前は？
そんなこと、
知ってるワケ
ないだろ?!
ムカッ

それだよ！　人間は質問を聞いてすぐに「知ってる」「知らない」を判断できるんだ。
分かった！
３！
1+2=3
$\lim_{n \to \infty} \frac{2n+1}{\sqrt{9n^2+2}-n}$
こんなの分からないよ！

昨日１番興行成績のいい映画は？
「スターウォーズ」です。先週に続いて今週も1位です。
でも人工知能は違うの。検索できることは、人間よりずっと早く探せるけど、
知らないと答えるためには、データベースに存在する情報を全部確認しなきゃいけないのよ。
映画「火星探検隊」の上映日は？
検索中です。

そうか。さっき１番は映画のタイトルを聞いてすぐ知らないと言ってた！
ポン
そうよ。もちろん高性能の人工知能なら人間と同じくらいの早さで答えたかも知れないけど。
ウンウン。

こうやって一定時間チャットで会話して、相手がコンピューターなのか人間なのか判別することをチューリングテストと言うんだ。
判別できなければ、コンピューターに知能があると認められるんだ。
僕はウクライナの13歳の男子だよ。君はどこに住んでるの？
僕はアメリカに住んでるんだ。ワシントンに行ったことある？
A
B
どっちが人間なんだ？
知能があると認められた人工知能もあるの？
うん。最近では、ユージーンという人工知能がこのテストに合格して話題になったよ。

人間は実によくしゃべるな。
いつまで待たせるつもりだ？

えっ！
クル

……。

そうか。今度は僕らが問題を出す番だ！
やっとお返しができるぞ！
ハハハ

さっきみたいに人工知能をだます方法はないのかな？
あ！

知識に関する問題はダメだ。
マキナのデータベースはきっとスゴい規模だよ。
ドキッ
え？じゃあどうするの？

まあ、僕がすごいヒントを与えたってことだね？
へへッ
ウ〜ン

そうか！それはいい考えだ！
サッ
え？僕が何か言った？

問題は僕が出すから、マキナとジオが答えるんだ！
え？僕が？

45点の人間と対決するのか？もう放棄したのか？
フン
何だと？バカにしたな？

僕は今から出す問題も答えもジオには教えない。
エ～？

ニヤッ
僕を信じて！

いいね、ジオ！
ガタガタ
ヒントもくれないの？

コクン
コクン
ジオも私も問題を知らないわ。これでいいわね、マキナ？

カタ
カタ
カタ
カタ

ウ〜ン
マキナの前ではああ言ったけど……。

カタ
カタ
本当に大丈夫かしら？

ジオに私たちの運命を託すなんて……。
ウッ
オロ
オロ
一体どんな問題なんだ？
いや、それより……。

ガ〜ン
僕が正解できるのか〜?!
ウワ〜！

サッ
できたみたい！
もう？

今から
1枚の写真を
見せるよ。
写真を
見せる？

公平にするために、
3つ数えてから
答えること！
マキナとジオは
それを見て何かを
答えるんだ。
よし。

ゴクッ
ニ！
イチ！

鳥の頭を持つ
キリン！
サン！
ジャン
……。

ジオが先に答えたわ。
これで出られるわ！
ヤッタ～！
僕って天才！

でも、何で答えられなかったんだ？
変な写真だけど、鳥の頭とキリンの体は分かるだろう？

わざとマキナのデータベースにないような写真を作ったんだ。
人間は抽象的なイメージを認識できるけど、機械には難しいんだ。
やるわね！

そういうことか。
さあ、マキナ！
負けを認めるな？
ザッ
ジュノのおかげでしょ？

よし。
認めてやろう。

じゃあ、約束通り、僕らを解放してくれるんだね？
コクン

いいだろう。帰り道は教えなくてもいいな？
ウィーン
あっ、開いたぞ！

ええ。早くテーマパークに戻りましょう！
マキナの気が変わらないうちに、早く出よう！
ダダダッ

ねえ！　さっき来た道と違うんじゃない？
タタタッ
気のせいだよ！さっきは急いでたから。

いや……。違う気がしてきたぞ？

あ、下に降りる道だ！

あそこが出口かな？
スタスタ
早く出ましょう！

パッ
ついに脱出だ……！

あっ！

ウイ〜ン
ジャン

ギョッ
ここは一体どこなんだ？

テーマパークの中に
こんな所あったっけ？
ううん。
初めて見るわ。
キョロ
キョロ

上に高架道路が
見える……。
ソロ
ソロ

スト

ジュノ！

ブオー

「AIのサバイバル１」終わり。
「AIのサバイバル２」もお楽しみに！

ＡＩのサバイバル１

2018年７月30日　第１刷発行
2022年11月30日　第14刷発行

著　者　文　ゴムドリco.／絵　韓賢東（ハンヒョンドン）
発行者　片桐圭子
発行所　朝日新聞出版
〒104-8011
東京都中央区築地5-3-2
編集　生活・文化編集部
電話　03-5541-8833（編集）
03-5540-7793（販売）

印刷所　株式会社リーブルテック
ISBN978-4-02-331721-5
定価はカバーに表示してあります

落丁・乱丁の場合は弊社業務部（03-5540-7800）へ
ご連絡ください。送料弊社負担にてお取り替えいたします。

Translation：HANA Press Inc.
Japanese Edition Producer：Satoshi Ikeda
Special Thanks：Noh Bo-Ram / Lee Ah-Ram
(Mirae N Co.,Ltd.)

読者のみんなとの交流の場、「ファンクラブ通信」が誕生したよ！ クイズに答えたり、似顔絵などの投稿コーナーに応募したりして、楽しんでね。「ファンクラブ通信」は、サバイバルシリーズ、対決シリーズの新刊に、はさんであるよ。書店で本を買ったときに、探してみてね！

おたよりコーナー 1

ジオ編集長からの挑戦状

みんなが読んでみたい、サバイバルのテーマとその内容を教えてね。もしかしたら、次回作に採用されるかも!?

例 冷蔵庫のサバイバル
何かが原因で、ジオたちが小さくなってしまい、知らぬ間に冷蔵庫の中に入れられてしまう。無事に出られるのか!?（9歳・女子）

おたよりコーナー 2

キミのイチオシは、どの本!?

サバイバル、応援メッセージ

キミが好きなサバイバル1冊と、その理由を教えてね。みんなからのアツ～い応援メッセージ、待ってるよ～！

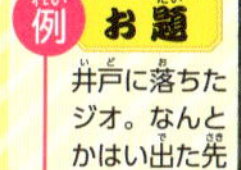

例 鳥のサバイバル
ジオとピピの関係性が、コミカルですごく好きです!! サバイバルシリーズは、鳥や人体など、いろいろな知識がついてすごくうれしいです。（10歳・男子）

おたよりコーナー 3

ピピが審査員長！ 2コマであそぼ

お題となるマンガの1コマ目を見て、2コマ目を考えてみてね。みんなのギャグセンスが試されるゾ！

例 お題
井戸に落ちたジオ。なんとかはい出た先は!?

地下だったはずが、なぜか空の上!?

おたよりコーナー 4

ケイ館長のサバイバル美術館

みんなが描いた似顔絵を、ケイが選んで美術館で紹介するよ。

例

みんなからのおたより、大募集！

❶コーナー名とその内容
❷郵便番号
❸住所
❹名前
❺学年と年齢
❻電話番号
❼掲載時のペンネーム（本名でも可）

を書いて、右記の宛て先に送ってね。掲載された人には、サバイバル特製グッズをプレゼント！

●郵送の場合
〒104-8011 朝日新聞出版 生活・文化編集部
サバイバルシリーズ ファンクラブ通信係

●メールの場合
junior @ asahi.com
件名に「サバイバルシリーズ ファンクラブ通信」と書いてね。

※応募作品はお返ししません。※お便りの内容は一部、編集部で改稿している場合がございます。

ファンクラブ通信は、サバイバルの公式サイトでも見ることができるよ。

科学漫画サバイバル 検索

ドクターエッグ

ヤン博士
勇敢でたくましく、心優しい行動派。「チーム・エッグ」では主に撮影を担当。

エッグ博士
明るくユニークで、子どもたちに大人気。「チーム・エッグ」として仲間のウン博士、ヤン博士とともに、いきものの魅力を伝えるコンテンツを日々制作している。

ウン博士
いきものについての知識が豊富な知性派。「チーム・エッグ」のブレイン的存在。

理科の基礎を楽しく学べる！ 生物世界への入門書

「いきもの大好き！」なエッグ博士、ヤン博士、ウン博士の３人が、いきものの魅力と生態をやさしく、楽しく伝えるよ！

ドクターエッグ①
ハチ・クワガタムシ・カブトムシ 152ページ

ドクターエッグ②
サメ・エイ・タコ・イカ・クラゲ 156ページ

ドクターエッグ１から

ドクターエッグ③
カエル・サンショウウオ・ヒル・ミミズ 152ページ

ドクターエッグ④
ゲジ・ムカデ・クモ・サソリ 152ページ

ドクターエッグ２から

各1320円(税込み)、B５変

ASAHI 朝日新聞出版